वायुमंडलीय प्रदूषण

वायुमंडलीय प्रदूषण

हरिनारायण श्रीवास्तव

राजकमल प्रकाशन

ISBN : 978-81-7178-273-4

मूल्य : ₹395

पहला संस्करण : 1992
पाँचवाँ संस्करण : 2019

प्रकाशक : राजकमल प्रकाशन प्रा. लि.
1-बी, नेताजी सुभाष मार्ग, दरियागंज
नई दिल्ली-110 002

शाखाएँ : अशोक राजपथ, साइंस कॉलेज के सामने, पटना-800 006
पहली मंजिल, दरबारी बिल्डिंग, महात्मा गांधी मार्ग, इलाहाबाद-211 001
36 ए, शेक्सपियर सरणी, कोलकाता-700 017

वेबसाइट : www.rajkamalprakashan.com
ई-मेल : info@rajkamalprakashan.com

मुद्रक : बी.के. ऑफसेट
नवीन शाहदरा, दिल्ली-110 032

VAYUMANDALEEYA PRADOOSHAN
by Dr. Hari Narain Srivastava

प्रस्तावना

बढ़ते हुए शहरीकरण, औद्योगीकरण तथा बढ़ती हुई आबादी द्वारा पर्यावरण में तेजी से प्रदूषण बढ़ रहा है। जहाँ हम लोग वाहनों व चिमनियों द्वारा उत्पन्न धुएँ से घुटन महसूस किया करते थे, अब क्षेत्रीय व अंतर्राष्ट्रीय पैमाने पर प्रदूषण की समस्याओं ने नया रूप ले लिया है। सुख-सुविधाओंवाली वस्तुओं—जैसे रेफ्रीजरेटर, वातानुकूल आदि—से विकसित होनेवाली क्लोरोफ्लूरोकार्बन के फलस्वरूप स्थिर मंडल में ओज़ोन परत, पराबैंगनी सौर-विकिरण बढ़ जाने से चर्म-कैंसर की संभावना बढ़ रही है। अतः संपूर्ण विश्व इस चेष्टा में लगा है कि ओज़ोन परत को नष्ट होने से किस प्रकार बचाया जाय। इसी प्रकार की दूसरी समस्या के हल के लिए भी सभी राष्ट्र प्रयत्नशील हैं कि अम्ल-वर्षा का प्रभाव हज़ारों किलोमीटर की दूरी तक किस प्रकार कम किया जाय। नदियों, झीलों व समुद्र में उत्पन्न होनेवाले प्रदूषण को दूर करने के लिए भारत में भी निश्चित कदम उठाए जा रहे हैं। इसका ज्वलंत उदाहरण 'गंगा कार्य-प्रयोजना' है।

इस पुस्तक के पहले अध्याय में वायुमंडल, जलवायु और वायु-विलय (प्रदूषकों) के विषय में जानकारी दी गई है, जिससे प्रदूषकों के विस्तारण को समझने में सहायता मिले। दूसरे अध्याय में मौसम संबंधी और प्रदूषण-मापक आधुनिक उपकरणों का संक्षिप्त विवरण दिया गया है। तीसरे, चौथे व पाँचवें अध्याय में वायु, जल तथा ध्वनि-प्रदूषण के प्रभाव, उनके नियंत्रण आदि की चर्चा की गई है। क्लोरोफ्लूरोकार्बन का ओज़ोन परत पर किस प्रकार प्रभाव पड़ता है, विशेषकर अंटार्कटिका में, इसे छठे अध्याय में समझाया गया है। सातवें अध्याय में क्षेत्रीय व महाद्वीपीय स्तर पर अम्ल-वर्षा के विभिन्न पहलुओं पर प्रकाश डाला गया है।

जलवायु आदिकाल से बदलती रही है, परंतु पिछले 100 वर्षों में तापमान की वृद्धि के कुछ प्रमाणों को कार्बन डाइऑक्साइड व अन्य ग्रीन हाउस गैसों से जोड़ा जा रहा है। अगले 50 वर्षों में जबकि कार्बन डाइऑक्साइड की मात्रा दुगुनी होने की संभावना है तथा मानवीय कार्यों द्वारा विरल गैसें भी बढ़ रही हैं, तो इनका तापमान, वर्षा, पवनगति, सौर-विकिरण तथा कृषि आदि पर क्या प्रभाव होगा, इस पर आठवें अध्याय में विचार किया गया है। भारतीय आँकड़ों के माध्यम से लेखक व उनके सहयोगियों द्वारा किए गए अनुसंधानों की संक्षिप्त चर्चा की गई है।

पुस्तक के लेखन में मैं अपनी पत्नी ओम श्रीवास्तव का आभारी हूँ, जिनका निरंतर सहयोग प्राप्त होने से इसे यह रूप दिया जा सका। वेधशालाओं के महानिदेशक के महत्वपूर्ण सुझावों और दूसरे वैज्ञानिकों एवं संस्थानों का भी कृतज्ञ हूँ, जिनके अनुसंधानों को इस पुस्तक में सम्मिलित किया गया है।

हरिनारायण श्रीवास्तव

पुणे

28 मई, 1991

क्रम

अध्याय 1

वायुमंडल, जलवायु और वायुविलय

कुछ दशक पहले पर्यावरण की समस्याएँ अधिकतर स्थानीय और क्षेत्रीय पैमाने पर सीमित रहती थीं जैसे ध्वनि, गंध, स्थानीय वायु-प्रदूषण, क्षेत्रीय जल-प्रदूषण, घरेलू कूड़ा-करकट आदि । परंतु आजकल हमें सार्वभौमिक पैमाने (जिसमें कार्बन डाइऑक्साइड, जलवायु-परिवर्तन व ओज़ोन परत सम्मिलित हैं) तथा महाद्वीपीय स्तर (जिसमें अम्लीकरण, पर्यावरणीय भयंकर पदार्थों का विसरण सम्मिलित हैं) पर भी नई समस्याओं का सामना करना पड़ रहा है । नदी के मुहानों पर विषैले रासायनिक पदार्थ तथा विभिन्न प्रकार के मलबे के बहने से प्रदूषण बढ़ रहा है । प्रदूषणों के स्रोत तथा उनके प्रभावों को चित्र 1 में दिखाया गया है ।

पर्यावरण विषयक समस्याओं का प्रमुख कारण बढ़ती हुई आबादी है, जिससे मानवीय कार्यों द्वारा पर्यावरण को क्षति पहुँच रही है । कृषि, परिवहन, उद्योग, ऊर्जा, निर्माण तथा मनोरंजन संबंधी कार्यों से उत्पन्न प्रदूषकों का दुष्प्रभाव केवल स्वास्थ्य और पर्यावरण तक ही सीमित नहीं है, बल्कि औद्योगिक तथा विकासशील देशों में सामाजिक और वित्तीय कार्यों को भी क्षति पहुँचती है, जैसे पीने का पानी और उसका वितरण, कृषि, उत्पादन की क्षमता, मनोरंजन आदि । इस प्रकार की पर्यावरण संबंधी समस्याओं का पारस्परिक संबंध है, जैसे ऊर्जा के अधिक प्रयोग से अम्लीकरण, निर्जलन, जलवायु-परिवर्तन आदि मानव-जीवन को प्रभावित करते हैं । इसी प्रकार विषाक्त रासायनिक पदार्थों के उत्पादन में यदि गुणवत्ता का ध्यान न रखा गया तो इसके हानिकारक प्रभाव हो सकते हैं । 1984 में भोपाल गैस त्रासदी में मेथाइल आइसोसायनाइड नामक विषैली गैस रिसने से लगभग 3,500 व्यक्तियों की मृत्यु हो गई और हजारों को श्वास संबंधी तथा अन्य प्रकार की बीमारियाँ हो गईं । चूँकि प्रदूषकों का प्रभाव वायुमंडलीय मौसम पर भी निर्भर रहता है, इसलिए वायुमंडल और जलवायु के विषय में जानना आवश्यक है ।

वायुमंडल

वायुमंडल के प्रमुख अवयव नाइट्रोजन (78.9 प्रतिशत) और ऑक्सीजन (21 प्रतिशत) हैं । इनके अतिरिक्त आर्गन (0.93 प्रतिशत) और कार्बन डाइऑक्साइड (0.03 प्रतिशत) की मात्रा जगह-जगह पर बदलती है । आयतन के अनुसार लगभग 4 प्रतिशत जलवाष्प

स्थान मापक्रम

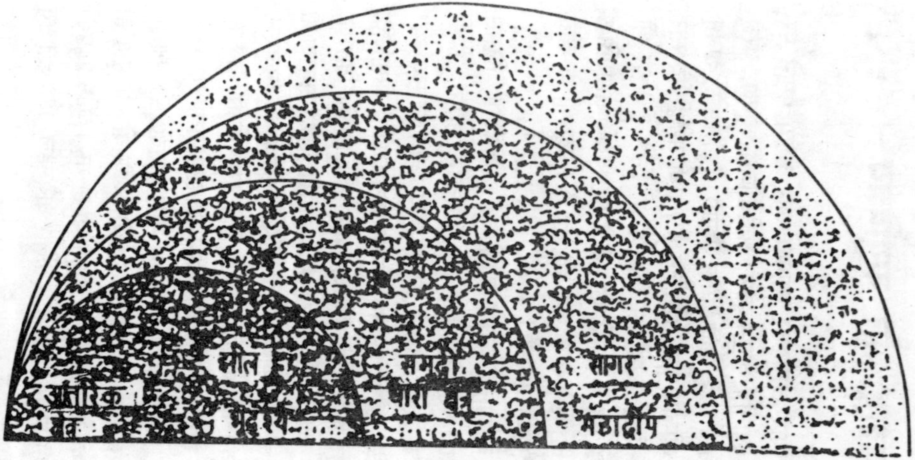

विशिष्ट प्रक्रम	इमारत-रचना और विध्वंस	मृद् रचना	जल की गति	पवन की गति	ऊर्जा और विकिरण-संतुलन
विशिष्ट समस्याएँ	ध्वनि व वायुप्रदूषण घर के अन्दर पर्यावरण	विस्तारण निर्जलन एकत्रित मलबा	विस्तारण	अम्लीकरण पृथ्वी-सतह पर ओज़ोन न्यूक्लाई विस्फोटक	ग्रीन हाउस प्रभाव ओज़ोन-तह को क्षति

चित्र-1 : प्रदूषण के स्रोत तथा उनके प्रभाव
(जन स्वास्थ्य एवं पर्यावरण संरक्षण राष्ट्रीय संस्थान, 1989)

भी स्थान-स्थान पर परिवर्तनशील है । आर्गन के अतिरिक्त अन्य अक्रिय (इनर्ट) गैसें—जैसे हीलियम, नियन, क्रिप्टान और ज़ेनान तथा हाईड्रोजन भी वायुमंडल में बहुत ही कम मात्रा में पाई जाती हैं । परंतु 150 किलोमीटर ऊँचाई से ऊपर मुख्यतः हाईड्रोजन तथा हीलियम ही प्रचुर मात्रा में होती हैं । वायुमंडल के प्रमुख भाग (चित्र 2) में यह दर्शाया गया है कि वायुमंडल की विभिन्न परतों में तापमान ऊँचाई पर किस प्रकार बदलता है । इसको निम्न भागों में बाँटा गया है—

(1) क्षोभमंडल (ट्रोपास्फियर)

यह वायुमंडल की सबसे निचली परत है, जिसमें तापमान ऊँचाई के साथ घटता जाता है । इसका कारण यह है कि हवा को गर्म करनेवाली ताप-किरणों का स्रोत पृथ्वी की सतह है । क्षोभमंडलीय सीमा (ट्रोपोपाज़) की ऊँचाई अक्षांश के साथ-साथ घटती जाती है । सबसे अधिक ऊँचाई (16 किलोमीटर) भूमध्यरेखा पर होती है, जो ध्रुवीय क्षेत्रों पर घटकर लगभग 8 कि.मी. रह जाती है । इसकी सीमा ऋतुओं के साथ भी बदलती है—गर्मियों में अधिकतर ऊपर और सर्दियों में नीचे । कभी-कभी इसकी सीमा दुहरी पाई जाती है । जैसे उष्ण कटिबंध और मध्य अक्षांशों के संगम पर उष्ण कटिबंधीय क्षोभमंडल नीचे की ओर मुड़ जाता है और मध्य क्षोभमंडल के रूप में पाया जाता है । अतः संगम क्षेत्र के आसपास दो सीमाएँ मिलती हैं । इसी प्रकार मध्य और उच्च अक्षांशों के संगम पर भी दुहरी सीमा पाई जाती है ।

मौसम की घटनाएँ सामान्यतः क्षोभमंडल में ही उत्पन्न होती हैं, क्योंकि पृथ्वी की नमी (जलवाष्प) संवाही वायु-धाराओं द्वारा इसकी सीमा को पार नहीं कर पाती है । क्षोभमंडलीय सीमा का तापमान सबसे कम भूमध्यरेखा पर होता है, जहाँ इसकी ऊँचाई सबसे अधिक है ।

जैसा कि पहले बताया गया है, इस भाग में तापमान ऊँचाई के साथ घटता है, जिसे ह्रास-दर कहते हैं ।

$$(\text{ह्रास- दर})\ \Gamma = \frac{-dT}{dZ}$$

यहाँ दो परतों के बीच की ऊँचाई dZ में dT तापमान का अंतर है । परंतु इसमें कभी-कभी तापमान ऊंचाई के साथ बढ़ भी सकता है । तब ह्रास-दर ऋणात्मक होगी । यह अवस्था शीतकाल में उत्तरी भारत के कुछ स्थानों में जब कुहरा पड़ता है, पृथ्वी की सतह के पास पाई जाती है । सामान्यतः ह्रास- दर 6.5° C प्रति किलोमीटर पाई जाती है । मौसम की घटनाएँ क्षोभमंडल में ही अधिकतर होती हैं । इनका अध्ययन करने के लिए मौसम-विज्ञान के निम्न प्रमुख तत्व हैं—

1. दाब
2. तापमान और घनत्व
3. आर्द्रता, मेघाच्छन्नता और वर्षा

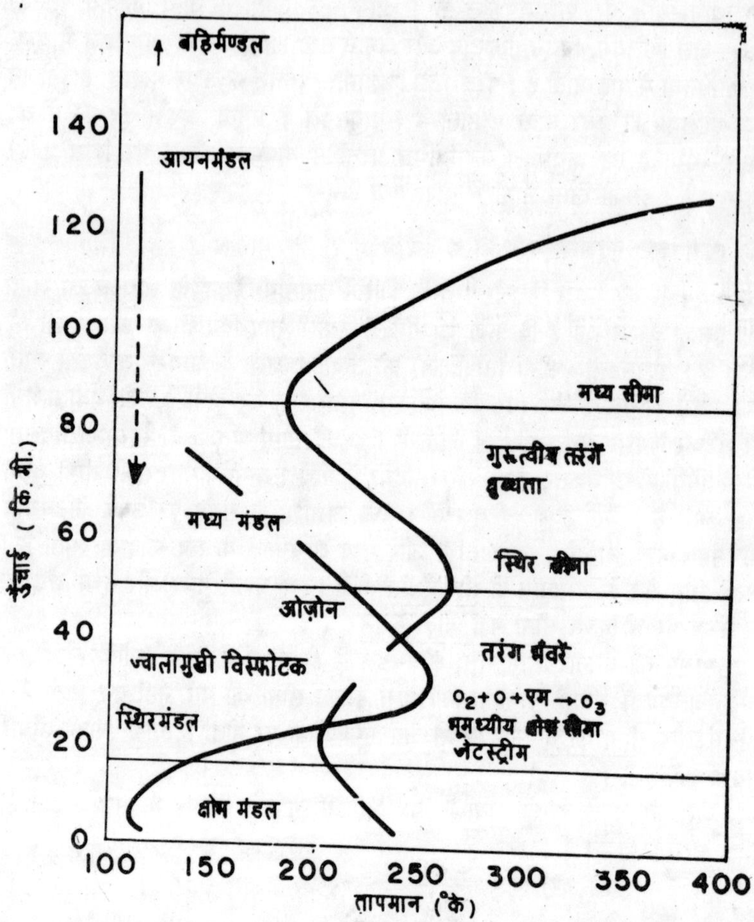

चित्र-2 : वायुमंडल की प्रमुख तहों की ऊँचाई और तापमान (डिग्री केल्विन)

4. वायु-गति
5. विकिरण

इनका विवरण आगे दिया जाएगा।

(2) समताप (स्थिर) मंडल (स्ट्रेटास्फियर)

लगभग 16 कि.मी. से 50 कि.मी. ऊँचाई तक की परत को समताप मंडल कहते हैं। इसमें 30 किलोमीटर ऊँचाई तक या तो तापमान अपरिवर्तित रहता है या बहुत ही

धीरे- धीरे बढ़ता है । उसके बाद समताप सीमा तक जिसकी ऊँचाई 50 कि.मी. है, तापमान तेजी से बढ़ता है । समताप सीमा में तापमान बढ़कर लगभग समुद्र-तल के बराबर हो जाता है । कुल हवा का 24 प्रतिशत भाग इस मंडल में होता है, जबकि क्षोभमंडल में यह 75 प्रतिशत पाया जाता है ।

संवहनिक धाराओं तथा नमी के अभाव के कारण यह परत मौसम विहीन है । ऊँचाई के साथ तापमान बढ़ने से यह स्थिर तहों से बनी होती है । वायु-प्रवाह भी विभिन्न तहों में क्षैतिज होता है ।

इन दिनों जलवायु-परिवर्तन के विषय में जो विवाद उठ खड़ा हुआ है, उसका प्रमुख कारण ओज़ोन गैसें हैं, जो इसी परत में 15 से 45 कि.मी. ऊँचाई तक पाई जाती हैं । इसकी सर्वाधिक मात्रा 22 किलोमीटर ऊँचाई के आसपास होती है । इसके सूर्य की पराबैंगनी किरणें सोखने से स्थिर मंडल में उच्च तापमान की परत बन जाती है । समताप सीमा के ऊपर लगभग 5 कि.मी. तक तापमान स्थिर रहता है । 50 से 55 कि.मी. ऊँची परत को तापमान अधिक होने के कारण उष्ण परत कहते हैं ।

वायुमंडल की कुल ओज़ोन यदि समुद्र की सतह पर इकट्ठा की जाए तो उससे बनी परत की ऊँचाई केवल 3 मिलीमीटर होगी । ओज़ोन की मात्रा भूमध्यरेखा से अक्षांश के साथ बढ़ती है और 60° उ. पर अधिकतम होने के बाद ध्रुव की ओर फिर से घटने लगती है । ओज़ोन की मात्रा पूरे विश्व में कम हो रही है अथवा केवल अंटार्कटिक क्षेत्र में ही सीमित है, इस पर अगले अध्यायों में प्रकाश डाला जाएगा ।

समताप मंडल में आयनीकरण प्रक्रम द्वारा एक घन आयन और एक तीव्र गतिवाला द्वितीय इलेक्ट्रान उत्पन्न होते हैं । अतः इस परत में ब्रह्मांडीय किरणों (कास्मिक रे) के शक्तिशाली ऊर्जा-प्रोटान और दूसरे केन्द्रक (न्यूक्लाई) द्वारा आयनीकरण होता है । इस तरह वायुमंडलीय परमाणु टूटने लगते हैं । इसका प्रभाव ओज़ोन की मात्रा पर पड़ता है । इस परत में ओज़ोन की कमी NO_2 (नाइट्रिक ऑक्साइड) यौगिकों द्वारा होती है, जो 95 प्रतिशत तक जेट वायुयानों के इंजनों से छोड़े जाते हैं ।

एक अंतर्राष्ट्रीय मध्य वायुमंडलीय प्रोग्राम द्वारा, जिसमें भारत ने सक्रिय भाग लिया था, इन परतों के तापमान तथा आयनीकरण का विस्तारपूर्वक अध्ययन किया गया । थुम्बा में राकेट प्रेक्षण द्वारा यह पता चला है कि समताप मंडल में जो गर्म परत 35° अक्षांश के ऊपर साधारणतया मिलती है, वैसे ही प्रभाव निचले अक्षांश में भी होते हैं ।

(3) मध्य मंडल (मीज़ोस्फियर)

समताप सीमा के ऊपर 80 कि.मी. ऊँचाई तक तापमान निरंतर घटने लगता है । इसकी छत को मध्य सीमा (मीज़ोपाज़) कहते हैं, जहाँ तापमान-80° से-90° C तक होता है । मध्य मंडल की परतें सूर्य-किरणों की प्रक्रिया से रेडियो-तरंगें सोख लेती हैं, जिससे दिन में रात की अपेक्षा कम आवृत्तियों पर रेडियो-प्रसारण हो पाता है ।

इस परत में उल्कापिंडों के टूटने से धूल-कणों के चारों ओर बर्फ के रवे जमकर बादल बन जाते हैं, जिनको निशादीप्त (नाक्टीलुसेंट) मेघ कहते हैं। नाइट्रिक ऑक्साइड का सौर लाइमन अल्फा विकिरण द्वारा आयनीकरण होता है। ऊँचे अक्षांशों में बहुत ही अधिक आयनीकरणवाले छुटपुट स्रोत सौर किरणों द्वारा उत्पन्न हो जाते हैं। इनका प्रभाव ओज़ोन की मात्रा कम कर देती है।

(4) आयन मंडल

यह मध्य सीमा से 500 से 600 कि.मी. ऊँचाई तक फैला हुआ है, जिसमें पराबैंगनी किरणों की प्रक्रिया से आयनीकरण होता है और स्वतंत्र इलेक्ट्रान पैदा होते रहते हैं। इसमें निम्न परतें होती हैं—

(1) E परत 100 कि.मी. के आसपास स्थित है। इस परत का तापमान 77° C के लगभग है। इससे मीडियम रेडियो-तरंगें परावर्तित होती हैं।

(2) F परत 250 से 350 कि.मी. तक होती है जो दिन में अक्सर F_1 और F_2 नामक दो परतों में टूट जाती है। इससे लघु रेडियो-तरंगें परावर्तित होती हैं।

आयन मंडल में ही सुमेर ज्योति अथवा ध्रुवीय प्रकाश-पुंज (अरोरा) उच्च अक्षांशों में दिखाई पड़ता है।

(5) बहिर्मंडल (एक्सोस्फियर)

यह हमारे वायुमंडल की सीमा है। यह हीलियम, नाइट्रोजन अणुओं पर कास्मिक किरणों की प्रक्रिया से बनती है। इसमें आयनीकृत ऑक्सीजन, नाइट्रोजन, हाईड्रोजन के कण भी पाए जाते हैं। सीमा से ऊपर कणों का चुम्बकीय तत्व (धन, ऋण या उदासीन आवेश) ही बाकी रहता है जो 2000 कि.मी. ऊँचाई तक फैले रहते हैं। इसे चुम्बक मंडल (मैगनेटास्फियर) कहते हैं। इसका दूसरा सिरा अंतर्ग्रहीय प्रभाव मंडल में मिल जाता है।

जलवायु

मौसम के प्रमुख तत्वों—वायु-दाब, तापमान, आर्द्रता, वर्षा तथा सौर-प्रकाश—की लंबी अवधि के औसतीकरण (30 वर्ष या अधिक) को जलवायु कहते हैं, जो निम्नलिखित तत्वों द्वारा नियंत्रित की जाती है—

1. अक्षांश ⎤ सौर-प्रकाश व ऊष्मा
2. तुंगता (ऊँचाई) ⎦
3. हवाएँ
4. वायुराशियाँ
5. जल और थल का आवंटन
6. पर्वत

7. महासागरीय धाराएँ

8. निम्न और उच्च दाब-पट्टियाँ

9. अवदाब और तूफान

चित्र 3 में जलवायु बनानेवाले तत्वों को दिखलाया गया है। वायुमंडल कुल आपतित विकिरण के एक बड़े भाग को शोषित, परावर्तित तथा प्रकीर्ण कर देता है, जिसके कारण विकिरण की बहुत ही कम मात्रा पृथ्वी पर पहुँचती है। वायुमंडल लघु तरंगीय सौर-विकिरणों के लिए अपेक्षाकृत पारदर्शी है। पृथ्वी की सतह वायुमंडल की अपेक्षा सौर-विकिरण का अधिक शोषण करती है। सूर्य की अपेक्षा पृथ्वी का ताप कम होने के कारण विकिरण दीर्घ तरंगों से निकलकर वायुमंडल को ऊष्मा पहुँचाता है जो मुख्यतः वाष्प-कणों द्वारा शोषित कर लिया जाता है। वायुमंडल द्वारा शोषण के बावजूद भूविकिरण का लगभग 20 प्रतिशत भाग वायुमंडल से बाहर चला जाता है। किसी स्थान पर भूमितल और उससे संलग्न वायुमंडल का तापमान आगत सौर-विकिरण व बहिर्गत भूविकिरण के अंतर, क्षैतिज वायु तथा सतह की बनावट पर निर्भर करता है। स्थानीय दोपहर को जब सूर्य का उन्नतांश सर्वाधिक होता है, आगत विकिरण की तीव्रता उच्चतम होती है। बहिर्गामी विकिरण पृथ्वी के तापमान के समानुपाती होने के कारण, यद्यपि दिन में ही अधिक होता है परंतु इसका शीतलन प्रभाव, सौर-विकिरण की अनुपस्थिति अर्थात रात्रि में ही प्रभावशाली हो पाता है। बहिर्गत दीर्घ तरंग विकिरण का अधिकांश भाग बादलों एवं वायु-कणों द्वारा शोषित होकर पृथ्वी की ओर पुनः विकिरण द्वारा लौट आता है, जिससे निचली तहों का तापमान बढ़ने लगता है। प्राप्त ऊष्मा बराबर होने पर भी विशिष्ट ताप की विभिन्नता के कारण सतहों के तापमान में असमान वृद्धि पाई जाती है। पानी का विशिष्ट ताप सर्वाधिक होने के कारण उसमें तापमान-वृद्धि सबसे कम पाई जाती है। शांत वायु और मेघरहित आकाशवाली सर्दियों की रात में साधारणतः भूमि के विकिरण-शीतलन के कारण तापमान ऊँचाई के साथ घटने के बजाए बढ़ने लगता है, जिसे व्युत्क्रमण (इनवर्शन) कहते हैं। यह विभिन्न प्रकार के होते हैं जिनका वायु-प्रदूषण में विशेष स्थान है। इनकी चर्चा विस्तार से तीसरे अध्याय में की जाएगी।

सौर-विकिरणों की विभिन्नता के कारण पृथ्वी की सतह पर वायु-दाब में अंतर आ जाता है। इसे दाब-प्रवणता-बल कहते हैं, जो वायु-गति को उत्पन्न करता है। इसके अतिरिक्त पृथ्वी के अपने ध्रुवीय अक्ष पर 7.3×10^{-5} रेडियन/सैकेंड के कोणिक वेग से पश्चिम से पूर्व की ओर (कुम्हार के चाक की भाँति) घूमने से एक बल उत्पन्न हो जाता है, जिसे कोरियालिस बल कहते हैं। यह हवा की दिशा को बदल देता है, जिससे उत्तरी गोलार्द्ध में वह दाहिनी ओर तथा दक्षिणी गोलार्द्ध में बाईं ओर विक्षेपित हो जाती है। दाब-प्रवणता तथा कोरियालिस बलों के संतुलन के कारण हवा समदाब रेखाओं के समानांतर बहती है, जिसे भूव्यावर्ती हवा कहते हैं। परंतु पृथ्वी-तल के घर्षण-बल के

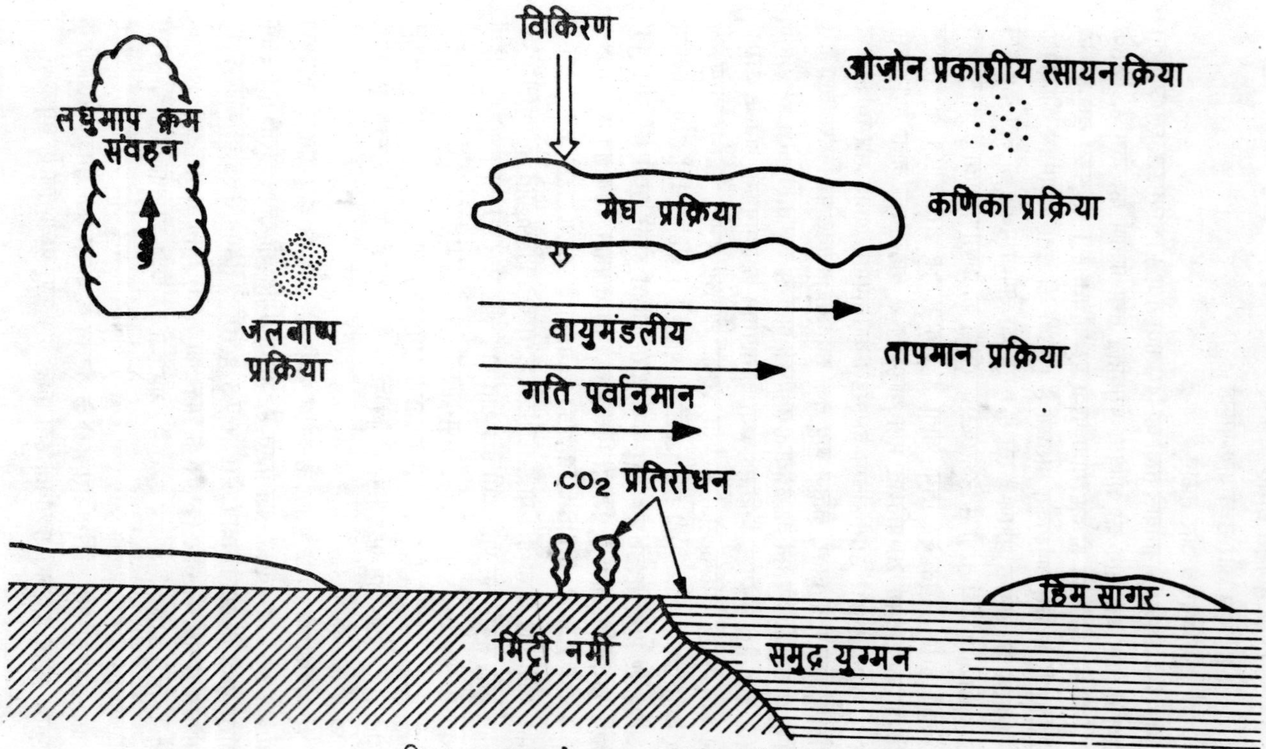

चित्र-3 : जलवायु के प्रमुख तत्व (विश्व मौसम विज्ञान संगठन)

कारण, जिसका प्रभाव लगभग एक किलोमीटर ऊँचाई तक रहता है, वायु की दिशा 15 से 45° निम्न दाब की ओर बदल जाती है और वायु की गति भी कम हो जाती है। रात्रि में घर्षण का प्रभाव कम होने के कारण, 200 से 300 मीटर की ऊँचाई के बाद हवा स्वतंत्र प्रवाह में बहती है। परंतु दिन में सौर-ऊष्मा के कारण भूमितल से 300 से 1000 मीटर ऊँचाई तक वायु की तीव्र गति व विक्षोभ मिश्रण द्वारा घर्षण-तह काफी ऊँचाई तक उठ जाती है। इसे वायुमंडलीय सीमा-तह (एटमास्फेरिक बाउंडरी लेयर) कहते हैं।

भूमि-तल की समतलता और प्रारूप के कारण, हवा का सामान्य प्रवाह जगह-जगह स्थानीय हवाओं का रूप धारण कर लेता है, जैसे गर्मियों में उत्तरी भारत में आँधी या लू, थल तथा सागर-समीर, पर्वतीय तथा घाटी-समीर आदि। इसी प्रकार जब स्थायी स्तरी वायुमंडल में हवा एक पहाड़ी से टकराकर ऊर्ध्वाधर दिशा में बलपूर्वक उठ जाती है तो दूसरी ओर पहुँचते ही कई किलोमीटर दूरी तक तरंगें (गुरुत्व) उत्पन्न हो जाती हैं। इनको वायु दिशा तरंगें (ली वेव) कहते हैं, जिनके आयाम तथा प्रकृति वायु-गति, तापमान-स्तरीकरण तथा पहाड़ी की ऊँचाई व आकार पर निर्भर रहते हैं। हिमालय तथा राकी जैसे ऊँचे पर्वतों द्वारा छोटे वायु-भँवर से लेकर भूमंडलीय पैमाने पर वायु-प्रवाह में विक्षोभ उत्पन्न हो जाता है। इनके द्वारा उत्पन्न वायु-तरंगें क्षेत्र-सीमा को पार कर स्थिर मंडल में पहुँच जाती हैं। हवाओं की दिशा (चैनेलिंग) बदलने से कभी-कभी घाटियों में प्रदूषकों की अधिक मात्रा एकत्रित हो सकती है। घाटियों में तापमान व्युत्क्रमण, उच्च तापमान परिसर तथा कुहरा उतरने की घटनाएँ सामान्यतः होती हैं। पर्वतों में वायुराशियों की गति में रुकावट होने के कारण प्रायः पवनाभिमुखी (विंडवर्ड) तथा अनुवर्ती (ली) भागों की जलवायु में भिन्नता पाई जाती है। दिन को आरोही तथा रात्रि में अवरोही प्रवाह पर्वतीय ढालों में पाए जाते हैं।

वायुराशि और वाताग्र

महाद्वीपीय स्तर पर प्रदूषकों का प्रभाव वायुराशि (एयर मास) पर निर्भर रहता है। क्षैतिज विस्तार की वायु को, जिसमें तापमान, आर्द्रता, ह्रास-दर आदि समान रूप से रहते हैं, वायुराशि कहते हैं। जिस स्थान पर यह पर्याप्त समय तक स्थिर रहती है, उसे स्रोत-क्षेत्र कहते हैं, जैसे विस्तृत थल या जल के भाग। वायुराशियाँ अपने स्रोत-क्षेत्रों को छोड़कर दूसरे क्षेत्रों पर से गुजरते हुए उस स्थान का मौसम बदल देती हैं। उत्तरी गोलार्द्ध में शीतकालीन वायुराशियों के प्रमुख क्षेत्र हैं—आर्कटिक ध्रुवीय महाद्वीपीय क्षेत्र cP (पोलर कांटिनेंटल), ध्रुवीय महासागरीय mP, महासागरीय उष्ण कटिबंधीय क्षेत्र mT (ट्रापिकल मेरीटाइम), उष्ण कटिबंधीय महाद्वीपीय क्षेत्र cT (ट्रापिकल कांटिनेंटल), भूमध्यरेखीय व मानसून क्षेत्र। वायुराशियों की प्रकृति में एक स्थान से दूसरे स्थान तक जाने में जो परिवर्तन होते हैं, उनका कारण ऊष्मागतिकी और यांत्रिकी माना जाता है।

वायुराशियों के स्थानांतरण के कारण जब दो राशियाँ संपर्क में आती हैं तो दोनों के बीच एक दीवार-सी बन जाती है, जिसे वाताग्र (फ्रंट) कहते हैं।

उत्तरी गोलार्द्ध में विक्षोभ, निम्नदाब अथवा अवदाब (डिप्रेशन) के रूप में, पश्चिम से पूर्व की ओर गति करते हुए मध्य अक्षांशों की जलवायु पर प्रभाव डालते हैं। इनको बहिरूष्ण कटिबंधीय चक्रवात (साइक्लोन) कहते हैं। उच्च क्षोभमंडल में जेट धाराओं के प्रभाव में यह पूर्व दिशा में गति करते हैं। इसके विपरीत प्रतिचक्रवात में आकाश मेघ रहित रहता है और वायु प्रवाहहीन होने के कारण प्रदूषक दीर्घ काल तक वायुमंडल में रुके रहते हैं।

महासागरों का वायुमंडल पर प्रभाव

पृथ्वी का लगभग दो-तिहाई भाग जल से घिरा हुआ है। महासागरीय बेसिनों में पानी का भार, वायुमंडल में उपस्थित वायु के भार से लगभग 300 गुना अधिक होता है। वायु की अपेक्षाकृत तेज गति के कारण पानी के अधिक घनत्व के बावजूद वायुमंडल में 10-15 गुना अधिक गतिक ऊर्जा होती है। वायु तथा पानी की ऊष्माधारिता में अंतर होने के कारण विकिरण का प्रभाव सागर पर बहुत धीमा होता है। विश्व की मानसूनी हवाओं का उद्भव वायु और पानी की ऊष्माधारिता के अंतर के कारण होता है। वायुमंडल का समुद्री बहाव पर प्रभाव हवा के दबाव के कारण ही होता है। दूसरी ओर समुद्र वाष्पीकरण हेतु गुप्त ऊष्मा के प्रवाह-परिवर्तन से वातावरण को प्रभावित करता है।

भारत मौसम विज्ञान विभाग के भूतपूर्व प्रमुख, सर गिलबर्ट वाकर ने देखा कि जब भी उत्तरी हिंद महासागर के ऊपर वायु-दाब कम होता है तब दक्षिण प्रशांत महासागर पर दाब अधिक होता है। इसके विपरीत जब उत्तरी हिंद महासागर में दाब अधिक होता है, तब दक्षिणी प्रशांत महासागर पर दबाव कम होता है। दबाव का वर्षा से विपरीत संबंध होने के कारण मानसून भी उसी प्रकार प्रभावित होता है। जलवायु की लंबी अवधि तक अनियमितता को दक्षिणी दोलन या 'सदर्न आसीलेशन' कहते हैं, जिसकी तीव्रता मध्य प्रशांत महासागर में स्थित ताहिती (18° द, 14° पू) तथा उत्तर आस्ट्रेलिया में स्थित डार्विन (12° द, 130° पू), जो हिंद महासागर के उत्तरी भाग में है, के समुद्र-तल के वायु-दाबों के अंतर से मापी जाती है। दक्षिणी दोलन सूचकांक यदि ऋणात्मक हो, अर्थात् उत्तरी हिंद महासागर पर दाब अधिक हो, तो मानसून कमजोर होता है।

दक्षिणी दोलन का संबंध 'वाकर सर्कुलेशन' से है, जो वायुमंडल में आस्ट्रेलिया तथा इंडोनेशिया पर ऊपर उठता हुआ फलक बनाता है और दक्षिणी अमेरिका पर धीरे-धीरे घट जाता है या समाप्त हो जाता है। दक्षिणी दोलन सूचकांक का मान धनात्मक अथवा सामान्य होने से आस्ट्रेलिया व इंडोनेशिया में ऊँचे-ऊँचे संवहनी बादलों, अत्यधिक वर्षा और आँधियों का दबाव रहता है। हवा पूरब की ओर घूमकर, प्रशांत महासागर पार करके और पश्चिम की ओर 200 हेक्टोपास्कल के दाब पर अमेरिकी क्षेत्र में पहुँचकर

धीरे-धीरे शांत हो जाती है ।

दक्षिणी दोलन सूचकांक के सामान्य या उच्च धनात्मक मानों के प्रमुख लक्षण इस प्रकार पाए जाते हैं—

(1) एक ठंडी तटीय धारा (हम्बोल्ट करेंट) तथा दक्षिणी अमेरिका के तटीय क्षेत्र में पानी का उठाव ।

(2) तेज व्यापारिक हवाएं ।

(3) प्रशांत महासागर पश्चिमी अर्द्ध भाग पर पानी एकत्रित होने से भूमध्यरेखीय प्रतिधारा तथा एक अवधारा से संतुलित रहता है ।

(4) जैसे-जैसे हम पूर्व से प्रशांत महासागर के अर्द्ध भाग की ओर जाते हैं, थर्मोक्लाइन की गहराई में कमी आती जाती है ।

(5) वाकर सर्कुलेशन की आस्ट्रेलिया और इंडोनेशिया के ऊपर जानेवाली आरोही शाखा, जिसकी नीचे की ओर जानेवाली अवरोही शाखा दक्षिणी अमेरिका की ओर जाती है ।

कभी-कभी वाकर सर्कुलेशन बिगड़ने लगता है । जब इक्वाडोर तथा पेरू के तटीय क्षेत्र के ठंडे पानी का स्थान क्रिसमस के दौरान दक्षिणी अमेरिकी तट के साथ-साथ दक्षिण की ओर बहती हुई गर्म समुद्री धारा ले लेती है, तो वह एलनिनो कहलाती है । कुछ लोग उसे ईसा मसीह का पुत्र मानते हैं । एलनिनो के आते ही आस्ट्रेलिया तथा इंडोनेशिया पर दबाव बढ़ने से दक्षिणी दोलन सूचकांक ऋणात्मक हो जाता है । एलनिनो तथा दक्षिणी दोलन सूचकांक के परस्पर संबंधों के कारण 'एन्सो' घटना के नाम से जानी जाती है, जिससे दक्षिणी सूचकांक ऋणात्मक हो जाता है और असामान्य मौसमी घटनाएँ उत्पन्न हो जाती हैं । दक्षिणी अमेरिका के तटीय क्षेत्रों से गर्म पानी आने के कारण इस क्षेत्र में सक्रिय संवहन होता है और तटों पर भारी वर्षा होती है । एलनिनो से समुद्र-तल का तापमान 10° से अधिक बढ़ जाता है । पेरू तट, जो अधिकतम मरुस्थली है, भीषण वर्षा के कारण मछलियों के लिए घातक सिद्ध होता है, जिनके सड़ने से हाईड्रोजन सल्फाइड इतनी अधिक मात्रा में निकलती है कि काले रोगन की तरह प्रभाव होता है । स्पष्ट है कि इस प्रकार समुद्री प्रदूषण के कितने घातक प्रभाव हो सकते हैं तथा समुद्री धाराओं द्वारा कितनी दूर तक पहुँच सकते हैं ।

भूमंडलीय जलवायु

सूर्य के वार्षिक स्थानांतरण तथा उसके फलस्वरूप उत्पन्न जलवायु के आधार पर भूमंडल को तीन भागों (चित्र 4) में बाँटा गया है—

(1) *उष्ण कटिबंध* : भूमध्यरेखा और कर्करेखा ($23\frac{1}{2}^{\circ}$ उ.) के बीच का क्षेत्र उत्तरी कटिबंध तथा भूमध्यरेखा और मकररेखा ($23\frac{1}{2}^{\circ}$ उ.) के बीच का भाग दक्षिणी

उष्ण कटिबंध कहलाता है।

(2) *शीतोष्ण कटिबंध* : $23\frac{1}{2}^{\circ}$ उ. से $66\frac{1}{2}^{\circ}$ उ. तथा $23\frac{1}{2}^{\circ}$ द. से $66\frac{1}{2}^{\circ}$ द. के भूभाग क्रमशः उत्तरी और दक्षिणी कटिबंध कहलाते हैं।

(3) *ध्रुव क्षेत्र* : उत्तरी ध्रुव क्षेत्र $66\frac{1}{2}^{\circ}$ उ. से 90° उ. तथा दक्षिणी ध्रुव क्षेत्र $66\frac{1}{2}^{\circ}$ द. से 90° द. तक फैला हुआ है। आर्कटिक क्षेत्र व अंटार्कटिक महाद्वीप ध्रुव के पास ही फैले हुए हैं, जिन पर सूर्य की किरणों के न पहुँचने से हमेशा तुषार और हिम जमा रहता है।

भारत की जलवायु

भारत की जलवायु उत्तर दिशा में लगभग 2900 किलोमीटर लंबाई में फैले हिमालय पर्वत, लगभग 6 किलोमीटर ऊंचाई तक फैले तिब्बत के पठार, लगभग 5600 कलोमीटर की लंबाई वाले समुद्री तट, प्रायद्वीप की प्रमुख पहाड़ियाँ, पश्चिमी व पूर्वी घाट, विंध्याचल, सतपुड़ा एवं अरावली के कारण विशिष्ट मानी जाती है। मानसून का प्रभाव पूरे देश में जैसा अनोखा है, वैसा विश्व के किसी दूसरे भाग में नहीं पाया जाता। भारत की जलवायु को चार ऋतुओं में बाँटा गया है—

(1)	शीत काल या उत्तरी- पूर्वी मानसून	दिसंबर से फरवरी
(2)	ग्रीष्म ऋतु	मार्च से मई
(3)	दक्षिणी-पश्चिमी मानसून	जून से सितंबर
(4)	उत्तरी (पोस्ट) मानसून	अक्टूबर और नवंबर

(1) *शीत काल* : उत्तरी पूर्वी भाग में भारत, साइबेरिया उच्च दाब की परिधि में रहता है। भूमध्यरेखीय निम्न दाब हिंद महासागर में शून्य से 10° अक्षांश के बीच पाया जाता है। उत्तर भारत में अधिकतर हल्की पश्चिमी या उत्तरी-पश्चिमी हवाएँ चलती हैं, जिनकी दिशा असम में पूर्वी हो जाती है। 25° उत्तरी अक्षांश के नीचे सागर तथा भूक्षेत्रों पर मुख्यतया उत्तरी-पूर्वी हवाएँ चलती हैं। लगभग 12 किलोमीटर की ऊँचाई पर जेट धाराएँ बहती हैं, जो कुछ हजार कि.मी. लंबी, कई सौ कि.मी. चौड़ी तथा कुछ कि.मी. गहरी होती हैं। वायु की गति 100 नाट तक होती है जो कभी-कभी 200 नाट तक पहुँच सकती है।

औसत तापमान उत्तर से दक्षिण की ओर बढ़ता है। कम हवा के दाबवाले क्षेत्र, जो ईरान व उससे भी पश्चिमी क्षेत्र, जैसे भूमध्य सागर, में उत्पन्न होते हैं, उत्तरी भारत में वर्षा करते हैं, विशेषकर पहाड़ी क्षेत्रों में। इन्हें पश्चिमी विक्षोभ कहते हैं। इनके पीछे उच्च अक्षांशों की ठंडी हवा शीत लहर के रूप में उत्तरी भारत को प्रभावित करती है। इस ऋतु में तमिलनाडु क्षेत्र में सबसे अधिक वर्षा होती है।

प्रातःकाल भारत के विभिन्न भागों में कुहरा छा जाता है, जो सूर्योदय के दो या

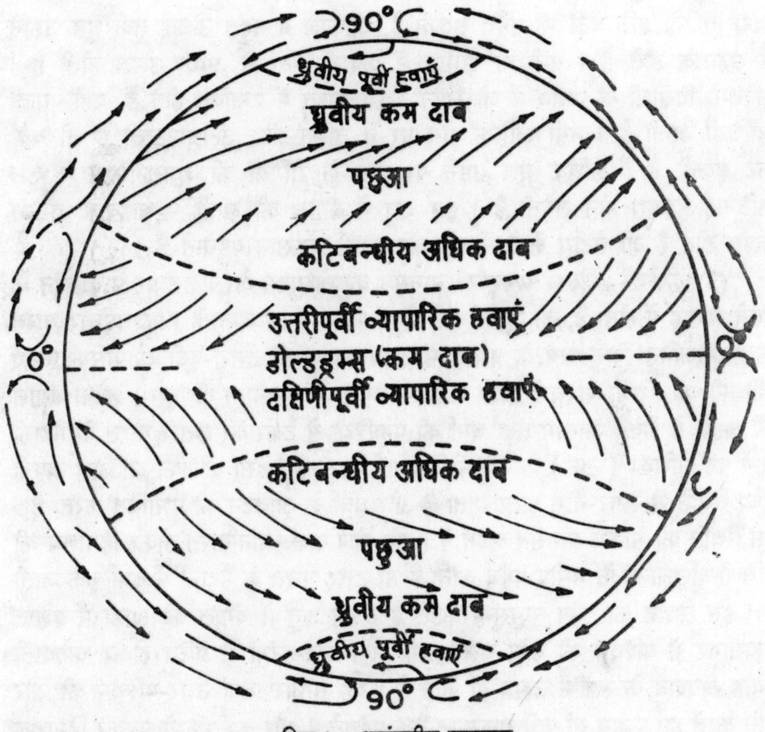

चित्र-4 : भूमंडलीय जलवायु

तीन घंटों बाद गायब हो जाता है। पश्चिमी विक्षोभों के बाद जब आकाश मेघरहित हो जाता है और तापमान कम होने के साथ वायु-गति धीमी हो जाती है, तो कुहरा अधिक स्थानों पर तथा काफी देर तक छाया रहता है। यह घाटी, डेल्टा, नम भूप्रदेशों और तटीय क्षेत्रों में भी अक्सर होता है। जैसा हम अगले अध्याय में देखेंगे, कुहरा तथा वायु-प्रदूषण का घनिष्ठ संबंध है।

(2) *ग्रीष्म ऋतु* : सूर्य के उत्तरी गोलार्द्ध में आने से दाब की प्रवणता तेजी से घटने लगती है। अप्रैल तक तापजनित निम्न दाब प्रायद्वीप पर विकसित हो जाता है, जो गर्मी के साथ-साथ उत्तर की ओर बढ़ने लगता है। थलीय और सागर-समीर, तटीय क्षेत्रों पर अक्सर ही बहती है। परंतु उत्तर भारत में कुछ स्थानों पर तापमान अधिक बढ़ने से लू चलने लगती है और सामान्य से 6° या उससे अधिक तापमान बढ़ जाने पर ताप-तरंग (हीट वेव) की अवस्था कहलाती है। तड़ित-झंझा की घटनाएँ

अक्सर होती हैं जिनको बंगाल, बिहार और उड़ीसा में नार्वेस्टर या काल बैसाखी कहते हैं। उत्तरी-पूर्वी भारत में कभी-कभी धूल-भरी आँधी चलती है जिससे आकाश का रंग मटमैला दिखाई पड़ता है। झंझाओं से उत्पन्न स्क्वाल, जिनमें पवन-गति कभी-कभी 100 कि.मी. प्रति घंटा भी पहुँच सकती है, आकाश में बहुत ऊंचाई तक धूल उड़ाने में सहायक होते हैं। नमी के अभाव में कपासी मेघों से आँधी उत्पन्न होती है। पश्चिमी विक्षोभों के प्रभाव में जो स्थान उत्तरी भारत में प्रभावित होते हैं, वहाँ ज्यादा आँधियाँ आती हैं। नमी अधिक होने पर वे तड़ित-झंझा उत्पन्न करती हैं जो वर्षा कर सकती है। अधिक धूल उड़ने पर दमा के रोगियों को श्वास-क्रिया में कुछ कठिनाई महसूस होने लगती है। इस ऋतु में बंगाल की खाड़ी में चक्रवाती तूफान उत्पन्न होते हैं जो तटीय क्षेत्रों में पहुँचकर काफी नुकसान पहुँचाते हैं।

(3) *दक्षिणी-पश्चिमी मानसून* : मानसून का अभ्युदय केरल तट पर प्रायः जून के पहले सप्ताह में होता है, जो जुलाई तक संपूर्ण भारत में छा जाता है। पश्चिमोत्तर भारत के ऊष्माजनित निम्न दाब के प्रभाव में अरब सागर की उत्तरी-पूर्वी व्यापारिक हवाएँ पश्चिमी या दक्षिणी-पश्चिमी दिशा से बहने लगती हैं। मानसून की दूसरी शाखा बंगाल की खाड़ी से होकर आसाम तथा बर्मा की पहाड़ियों से टकराकर उत्तरी भारत के मैदानी भाग पर द्रोणिका (ट्रफ) के रूप में दिखलाई पड़ती है। इसी द्रोणिका का अक्ष अपनी मध्य स्थिति से ऊपर-नीचे होता रहता है और वर्षा के आवंटन को प्रभावित करता है। इस स्थिति को सक्रिय मानसून कहते हैं। जब द्रोण अक्ष स्थानांतरित होकर हिमालय की दक्षिणी शृंखलाओं के समीप पहुँच जाता है तो उत्तर भारत के मैदानों में वर्षा रुक जाती है। इस स्थिति को 'भंग मानसून' कहते हैं। इस ऋतु में बंगाल की खाड़ी में प्रशांत महासागर से पश्चिम की ओर चलनेवाली निम्न दाब-तरंगों से प्रेरित होकर चक्रवाती प्रवाह अवदाब के रूप में उत्पन्न हो जाते हैं। यह साधारणतया उत्तर-पश्चिम की ओर गति करते हुए पंजाब या पूर्वी राजस्थान तक पहुँचते हैं और कभी-कभी घूमकर हिमाचल या उसके पास की पहाड़ियों पर घनघोर वर्षा करते हैं। कभी-कभी ये अरब सागर पर भी अवदाब बनाते हैं अथवा प्रायद्वीप पार बंगाल की खाड़ी से पहुँच जाते हैं, जो गुजरात या महाराष्ट्र के तट पर वर्षा करते हैं।

वर्षा ऋतु के दौरान उच्चतर वायुमंडल में तिब्बती पठार के ऊपर एक उष्ण प्रतिचक्रवात बन जाता है, जिसका प्रभाव मानसूनी धाराओं पर पड़ता है। दक्षिणी भारत में 14 से 16 किलोमीटर की ऊँचाई पर 13° उ. अक्षांश के आसपास पूर्वी जेट धाराएँ बहती हैं जिसमें पवनगति साधारणतया 60 नाट तक पहुँचती है। कभी-कभी अक्ष के पास की उनकी गति 100 नाट तक पहुँच जाती है।

इस ऋतु में अरब सागर में दो प्रकार की वायुराशियाँ पाई जाती हैं—निचली तहों में नम वायुराशि जो पश्चिम या दक्षिण-पश्चिम से बहती है और ऊपरी तहों में शुष्क महाद्वीपीय हवाएँ बहती हैं। व्युत्क्रमण तह द्वारा दोनों वायुराशियाँ एक-दूसरे से अलग

रहती हैं, जो पश्चिमी तट तक पहुँचकर गायब हो जाती हैं। नम वायुराशि की ऊँचाई 1.5 कि.मी. से बढ़कर लगभग 6 किलोमीटर पहुँच जाती है।

(4) *उत्तरी मानसून* : सितंबर के अंत तक मानसून भारत के अधिकांश भाग से हट जाता है और शीतल तथा शुष्क वायु चलने लगती है। अक्टूबर के आरंभ में ही पश्चिमोत्तर भारत का निम्न दाब-क्षेत्र समाप्त होकर दाब बढ़ने लगता है। बंगाल की खाड़ी के मध्य एवं दक्षिणी भागों में दाब कुछ कम हो जाता है। भारतीय महाद्वीप के ऊपर धरातलीय दाब के प्रसारित होने से उत्तरी भारत पर प्रायः उत्तरी-पश्चिमी हवाएँ बहती हैं और दक्षिण में परिवर्तनशील पाई जाती हैं।

बंगाल की खाड़ी और अरब सागर में चक्रवाती तूफान 10 से 14 उत्तरी अक्षांश के बीच उत्पन्न होते हैं, जिनसे आंध्र प्रदेश, उड़ीसा व तमिलनाडु के तटीय क्षेत्रों में तीव्र पवन-गति, ऊँची समुद्री तरंगों तथा घनघोर वर्षा से जान-माल की भीषण क्षति होती है।

सूक्ष्म जलवायु-विज्ञान (माइक्रोमिटिरियोलॉजी)

लगभग एक से दो मीटर की ऊँचाई तक की वायु-तहों की जलवायु वनस्पति, कृषि व प्रदूषकों को अत्यधिक प्रभावित करती है। इसके अध्ययन के लिए अधिक सुग्राही उपकरणों की आवश्यकता होती है, जिनका वर्णन अगले अध्याय में किया गया है। धरातल की प्रकृति (जैसे अधिक घनत्ववाली मिट्टी में ऊष्मा की मात्रा अधिक एकत्रित होती है), ऊँचाई व स्थिति, रुक्षता तथा भू-आर्द्रता सूक्ष्म जलवायु को नियंत्रित करती हैं। वनस्पति से आच्छादित सतह अपेक्षाकृत अधिक लघु तरंगीय सौर-ऊष्मा का शोषण करती है, जबकि दीर्घ तरंगीय भूविकिरण के लिए शोषण और उत्सर्जन की इसकी क्षमता अनाच्छादित जमीन की अपेक्षा कम होती है। इन क्षेत्रों में वाष्पीकरण भी अधिक होता है। पत्तों तथा टहनियों द्वारा वाष्पोत्सर्जन की एक और सतह-सी बन जाती है जो ऊष्मा के शोषण और उत्सर्जन में भाग लेते हैं।

वायुविलय

वायुमंडलीय वायुविलय निम्नलिखित कारणों से उत्पन्न होते हैं—

1. मोटरगाड़ियों तथा औद्योगिक चिमनियों द्वारा।
2. समुद्र से नमक कणों तथा मिट्टी से।
3. वायुमंडलीय विरल गैसों पर सौर-विकिरण तथा आर्द्रता की फोटो रासायनिक प्रक्रिया द्वारा।
4. स्थिर मंडल में ज्वालामुखी-विस्फोटनों द्वारा।
5. जल-वाष्प के संघनन द्वारा।

अतः इनकी उत्पत्ति प्राकृतिक और मानवीय कार्यों द्वारा होती है। इनकी सांद्रता

मौसम तत्वों—जैसे वायु-वेग, वायुमंडल की स्थिरता, संवाहनिक मिश्रण तथा आर्द्रता अथवा वर्षा—पर निर्भर रहती है। इसलिए इनके वितरण में जलवायु की प्रमुख भूमिका होती है, जिसके अनुसार उनका प्रभाव स्थानीय, क्षेत्रीय या सुदूर सीमाओं तक रहता है। दूसरी ओर वायुविलय का जलवायु-परिवर्तन में भी विकिरण तथा रासायनिक क्रियाओं द्वारा प्रभाव होता है।

प्राकृतिक वायुविलय को आकार के अनुसार चार भागों में बाँटा जा सकता है (चित्र 5)—

(1) सबसे नन्हे कण, जो दहन-क्रिया से उत्पन्न होते हैं और जिनका अर्द्धव्यास 0.4 माइक्रोमीटर से भी कम होता है।

(2) 0.04 से 10 माइक्रोमीटर अर्द्धव्यास के कण, जिनमें निचली सीमा एटकिन केन्द्रक के अंदर होती है तथा जो मानवीय कार्यों द्वारा उत्पन्न होते हैं।

(3) ऊपरी सीमा तलछट तथा धुलने से बहुत बड़े केंद्रक के रूप में बनती है।

(4) इन दोनों सीमाओं के बीच के अर्थात 0.1—1.0 माइक्रोमीटर में बड़े केंद्रक धुंध बनाते हैं।

वायुविलय (10 माइक्रोमीटर के आसपास) जलवायु को नियंत्रित करते हैं, क्योंकि यह दीर्घ काल तक वायुमंडल में ठहरे रहते हैं और सूर्य के प्रकाश से पारस्परिक क्रिया द्वारा प्रभावित करते हैं। सूक्ष्म माइक्रोमीटर आकार के वायुविलय एक बहुत ही सुग्राही जलवायु-नियंत्रण करनेवाली मशीन की तरह कार्य करते हैं।

वायुमंडल में समुद्री लवण वायुविलय निम्नलिखित कारणों से महत्वपूर्ण हैं—

(1) वह विद्युतचुम्बकीय विकिरण का ह्रास करते हैं।

(2) वह मेघ-संरचना तथा वर्षा कराने में भाग लेते हैं।

(3) वह अधिक तेज वायु चलने पर समुद्री नमी के प्रवाह में भूमिका निभाते हैं।

(4) वह प्रदूषकों को समुद्र से वायु में ले जाते हैं।

उत्तरी एटलांटिक महासागर में स्काटलैंड के उत्तरी-पश्चिमी तट पर आर्दिवाचन प्वाइंट पर प्रयोग किए गए, जिसमें ग्लाइडर तथा ध्वनि रेडार (सोडार) का प्रयोग किया गया। इसका उद्देश्य समुद्री वायुविलय की सांद्रता पर मिश्रित ऊँचाई (मिक्सिंग हाइट) के प्रभाव का अध्ययन करना था। मिश्रित तह की ऊँचाई को सोडार द्वारा मापा गया और रेडियो सौंदे के प्रेक्षणों से तुलना की गई। वायुगति द्वारा उत्पन्न प्रभावों को अलग कर निम्नलिखित समीकरण द्वारा सांद्रता तथा मिश्रित ऊँचाई में संबंध पाया गया—

$$\text{सांद्रता} = \text{ए} + \frac{\text{बी}}{\text{मिश्रित ऊँचाई}}$$

जहाँ ए और बी स्थिरांक हैं, जिनका मान निकल सकता है।

डाईमेथाइल सल्फाइड वायुमंडल में एक महत्वपूर्ण विरल गैस है, जिसमें सल्फर होती है। यह गैस समुद्री तह के पास के जल में काफी मात्रा में रहती है, जहां से

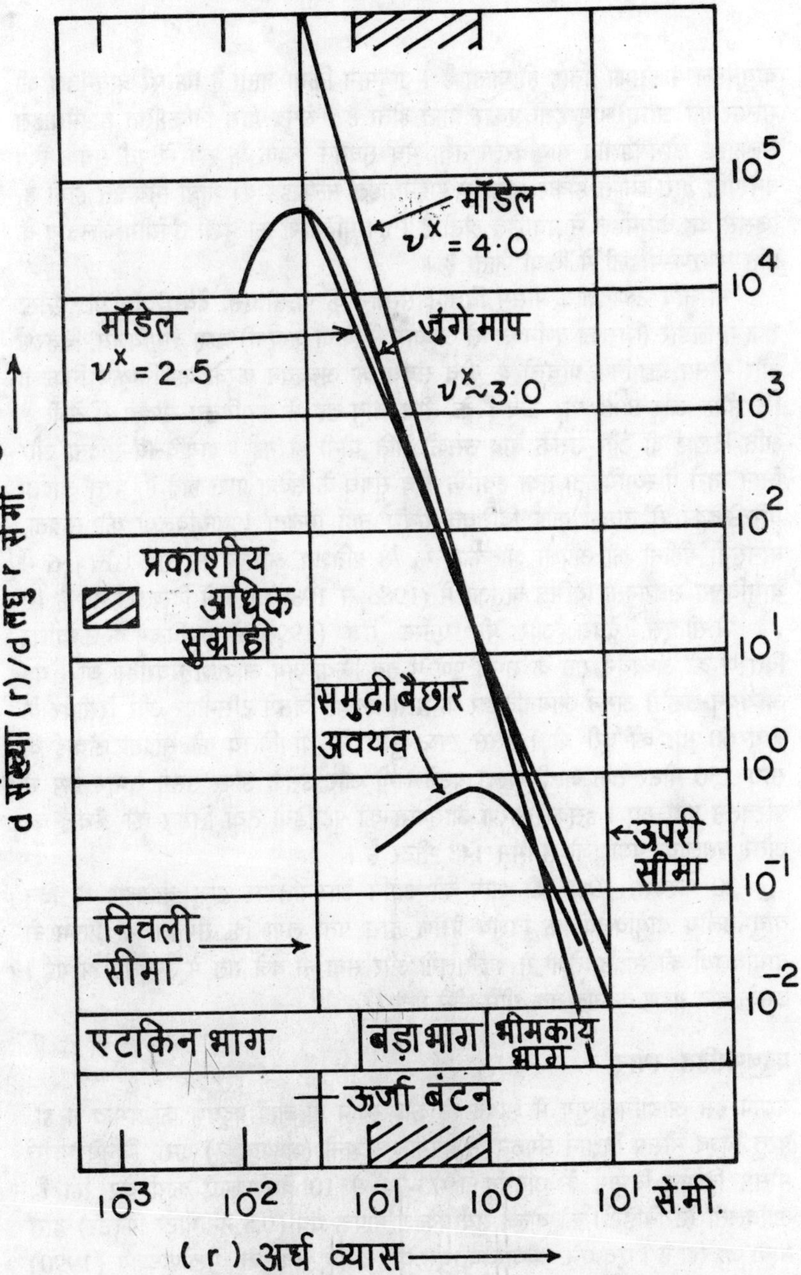

चित्र-5 : विभिन्न प्रकार के वायुविलय (प्राकृतिक स्रोत)

वायुमंडल में इसका प्रवाह हो जाता है। अनुमान किया जाता है कि पूरे वायुमंडल की सल्फर का आधा भाग इसी प्रकार प्राप्त होता है। समुद्र द्वारा निष्कासित डाईमेथाइल सल्फाइड क्षोभमंडलीय वायुविरलों तथा मेघ संघनन केंद्रक के रूप में पूर्व सूचक हैं। वनस्पति द्वारा व्याप्त होकर समुद्र में डाईमेथाइल सल्फाइड की मात्रा नियंत्रित होती है, जिससे वह वायुमंडल में प्रवाहित होती है। इन परिणामों का मुख्य उपयोग जलवायु के प्रति संभरण-मॉडलों में किया जाता है।

भारतीय उष्णदेशीय मौसम विज्ञान संस्थान के पी.सी.एस. देवरा और पी. एर्नेस्ट राज ने लिडार (जिसका वर्णन अगले अध्याय में किया जाएगा) द्वारा वायुविलय, वितरण और मौसम वैज्ञानिक प्राचलों के बीच संबंध का अध्ययन करके यह निष्कर्ष निकाला कि सतह और 800 मी. ऊँचाई के बीच वायु-तह में वायुविलय-सांद्रता में तेजी से क्षति दिखाई दी और उसके बाद उसकी क्षति धीमी हो गई। वायुविलय-सांद्रता और निम्न स्तरों में स्थायिकता तथा हवा के बीच संबंध के संकेत प्राप्त होते हैं, परंतु आर्द्रता परिच्छेदिका से उनका कोई विधिवत संबंध नहीं मिलता। वायुविलयों की सांद्रता, मानसूनी महीनों की अपेक्षा शीतकाल में 78 प्रतिशत अधिक पाई गई। चित्र 6 में वायुविलय संघननता विभिन्न ऋतुओं में (1986 से 1989) पुणे में दिखलाई गई है।

पी.सी.एस. देवरा और पी. एर्नेस्ट राज (1990) ने वायुविलय के ऊर्ध्वाधर वितरण का अध्ययन रात के समय पुणे में तब किया जब आकाश मेघरहित था। यह अध्ययन उन्होंने अर्गन आयनलिडार के द्वारा किया, जिसमें ट्रांसमीटर और रिसीवर के बीच 60 मी. की दूरी थी। इससे स्पष्ट हुआ कि वायुविलय की सांद्रता ऊँचाई के साथ 150 मीटर तक जल्दी-जल्दी घटने लगी और उसके ऊपर उसमें समान रूप से परिवर्तन पाए गए। इसका कारण आसपास की पहाड़ियों तथा लिडार की ऊँचाई का अंतर बतलाया गया, जो लगभग 148 मीटर है।

20 फरवरी, 1989 की शाम को अर्गन आयनलिडार द्वारा चंद्रग्रहण के दिन वायुमंडलीय वायुविलयों के विशेष प्रेक्षण द्वारा पता लगा कि समग्रता के प्रारंभ से वायुविलयों की सांद्रता तेजी से बढ़ने लगी और सवा नौ बजे रात में उच्चतम हो गई। उसके बाद ग्रहण के अंत तक धीमे-धीमे घटी।

प्रदूषणरहित स्थान

यद्यपि इस औद्योगिक युग में शायद ही कोई स्थान हो जहाँ प्रदूषण का प्रभाव न हो, परंतु विश्व मौसम विज्ञान संगठन के बैपमान स्टेशनों (अध्याय 7) द्वारा, जिनमें भारत मौसम विज्ञान विभाग के अंतर्गत 1973-74 से 10 वेधशालाएँ कार्य कर रही हैं, आविलता (टरबिडिटी) को वोल्ज सूर्य प्रकाश मापक यंत्र (0.5 नैनोमीटर फिल्टर) द्वारा मापा जा रहा है। एच.एन. श्रीवास्तव, एस.वी. दातार तथा बी. मुखोपाध्याय (1990) ने 0.5 माइक्रोमीटर के फिल्टर द्वारा आविलता (टरबिडिटी) गुणांक द्वारा निम्नलिखित

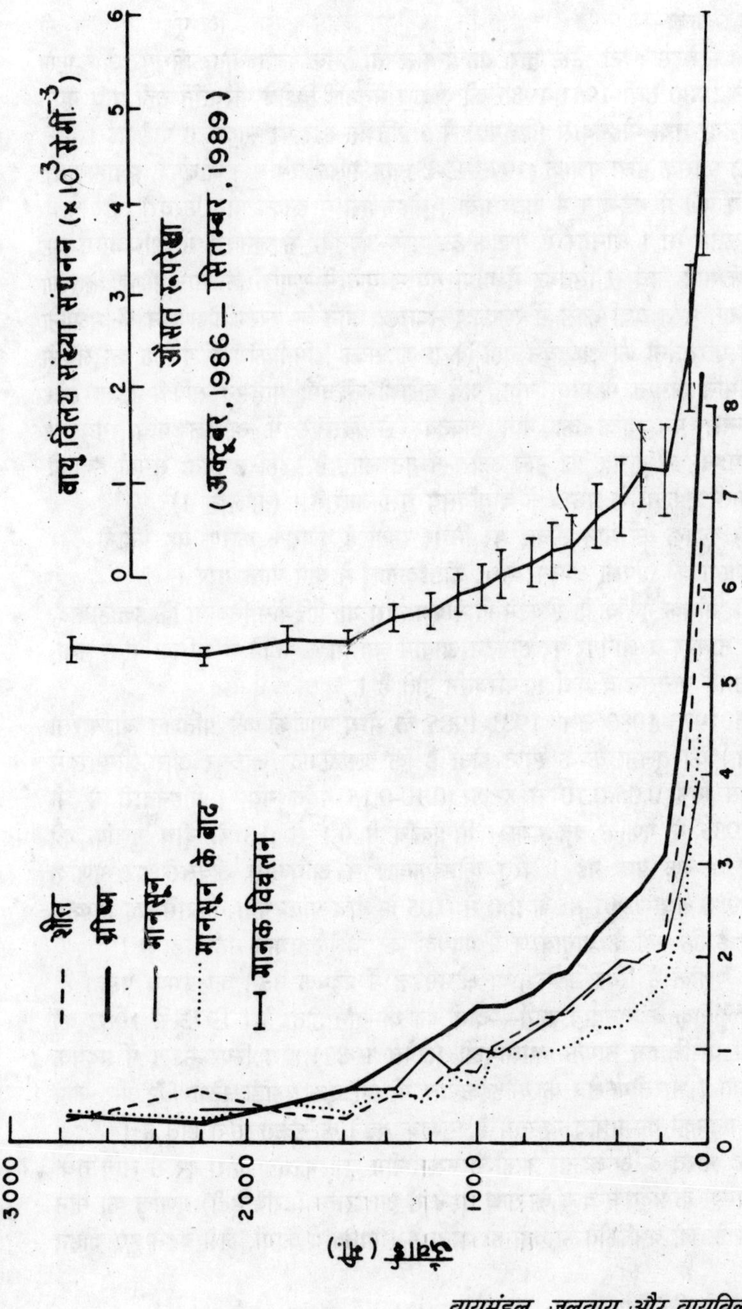

चित्र-6 : वायुविलय संघनता में ऋतुओं में परिवर्तन (पुणे)
(भारतीय उष्णदेशीय मौसम विज्ञान संस्थान, पुणे)

परिणाम निकाले—

(1) स्ट्रेडेंट्स : 'टी' टेस्ट द्वारा यह पता लगता है कि इलाहाबाद, जोधपुर और पुणे में 1973-1980 तथा 1981-1985 की अवधि में कोई विशेष परिवर्तन नहीं पाए गए, परंतु श्रीनगर तथा मोहनबारी (डिब्रूगढ़) में 5 प्रतिशत स्तर पर सार्थकता पाई गई।

(2) मासिक मध्य गुणांक (1973-1985) का अधिकतम मान जोधपुर, इलाहाबाद, नागपुर व पुणे में मई-जून में पाया गया। मोहनबारी में इनका मान फरवरी और मार्च में अधिकतम था। श्रीनगर में गुणांक का मान अक्टूबर से जनवरी में अधिकतम था तथा कम मान मार्च से सितंबर में पाया गया। पुणे में गुणांक का मान ग्रीष्म ऋतु में अधिक था, परंतु वर्षा काल में आकाश मेघाच्छन्न होने के कारण प्रेक्षण न किए जाने से इसके परिवर्तनों का अध्ययन नहीं किया जा सका। मिनीकॉय में गुणांक का सबसे अधिक मान अगस्त में पाया गया, जब दक्षिणी-पश्चिमी मानसून सक्रिय रहता है। कोडईकनाल में गुणांक का मान अक्टूबर से दिसंबर में अधिक पाया गया। विशाखापट्टनम् में गुणांक का मान अप्रैल में घट जाता है, जहाँ संभवतः समुद्री हवाओं व चक्रवाती तूफानों के प्रभाव में वायुविलय धुल जाते हैं। (तालिका 1)

(3) गुणांक का मान ऊँचाई पर निर्भर रहता है, जिसके कारण यह मैदानी और तटीय स्थानों की अपेक्षा श्रीनगर तथा कोडईकनाल में कम पाया गया।

(4) मासिक गुणांक के स्पेक्ट्रम विश्लेषण द्वारा यह परिणाम निकला कि इलाहाबाद, जोधपुर, नागपुर व श्रीनगर पर स्पेक्ट्रम आयाम लगभग 6 महीने में अधिक पाया गया, अर्थात उनमें मानसून व वर्षा से परिवर्तन होते हैं।

(5) 1973-1980 तथा 1981-1985 के मध्य गुणांकों की प्रतिशत बारंबारता (फ्रिक्वेंसी) की तुलना करके स्पष्ट होता है कि इलाहाबाद, जोधपुर और श्रीनगर में अधिकतम मान 0.05-0.10 से हटकर 0.10-0.15 पहुँच गया। मोहनबारी में भी 1981-1985 में गुणांक बढ़ गया। मिनीकॉय में 0.1 से 0.3 के बीच गुणांक की फ्रिक्वेंसी अधिक पाई गई। परंतु कोडईकनाल में अधिकांश अवसरों पर गुणांक 1973-1980 तथा 1981-85 में 0.0 से 0.05 के बीच पाया गया, जिससे यह निष्कर्ष निकलता है कि वहाँ के वातावरण में प्रदूषकों का विशेष प्रभाव नहीं पड़ा है।

इस गुणांक में स्थिर मंडल तथा क्षोभमंडल में प्रदूषक बढ़ने का प्रभाव पड़ता है, जिसमें प्राकृतिक व मानवीय कार्य—दोनों का योगदान होता है। 1973 से 1982 की अवधि में एलचिचान नामक ज्वालामुखी (अप्रैल 1982) द्वारा स्थिर मंडल में प्रदूषक फैलने लगा। भारतीय क्षेत्र के कोडईकनाल में, जो एक पहाड़ी स्टेशन है और जहां मानवीय प्रदूषकों का प्रभाव न्यूनतम है, गुणांक बढ़ने के संकेत प्राप्त होते हैं।

अतः भारत के अधिकतर भागों में महाद्वीपीय धूल वाताग्रों द्वारा दूर से लाने तथा स्थानीय मिट्टी के प्रदूषक वायु के साथ उड़ने से आविलता (टरबिडिटी) गुणांक का मान बढ़ जाता है, जो वर्षा होते ही कम हो जाता है। मानवीय कार्यों, जैसे बढ़ते हुए वाहन

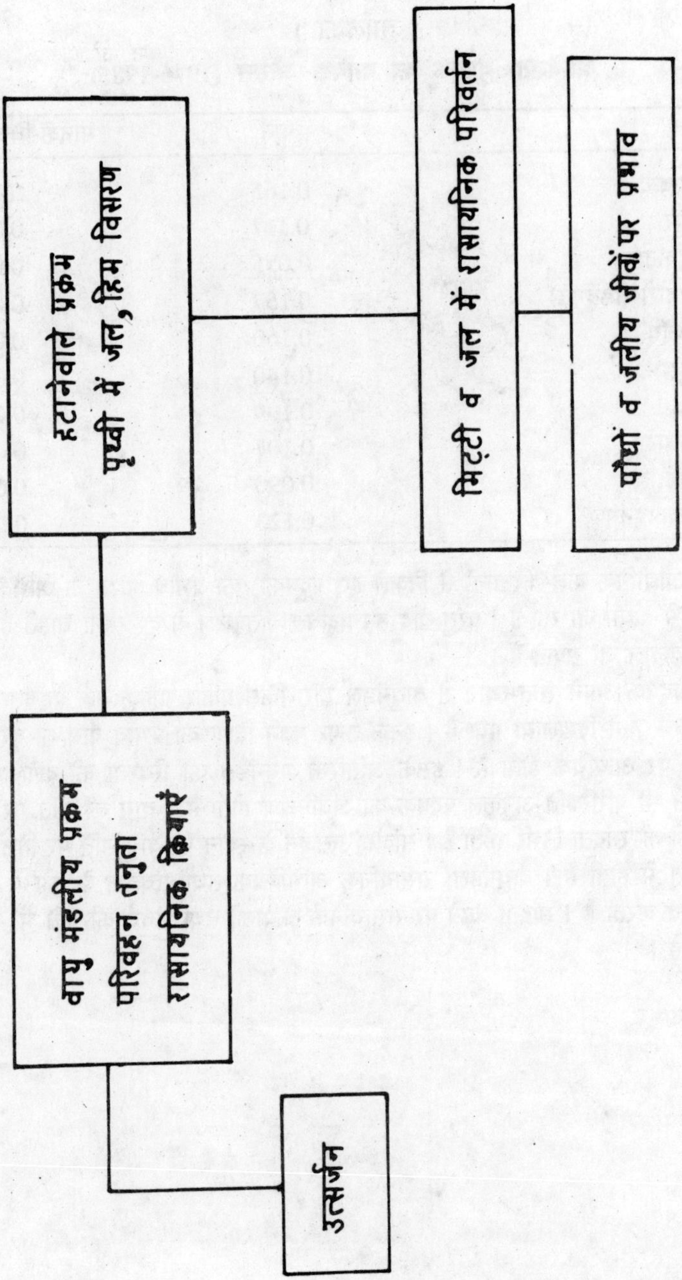

चित्र-7 : प्रदूषक-उत्सर्जन (स्रोत) और वितरण

तालिका 1

आविलता गुणांक का वार्षिक औसत (1976-1985)

स्टेशन	मान	मानक विचलन
इलाहाबाद	0.165	0.041
जोधपुर	0.117	0.029
कोडईकनाल	0.055	0.019
मोहनबारी (डिब्रूगढ़)	0.157	0.046
मिनीकॉय	0.160	0.033
नागपुर	0.140	0.018
पुणे	0.109	0.020
पोर्टब्लेयर	0.107	0.012
श्रीनगर	0.090	0.039
विशाखापट्टनम्	0.123	0.020

और औद्योगिक कल-करखानों से निकले हुए प्रदूषकों, का प्रभाव भारत के अधिकतर भागों में बढ़ता जा रहा है। परंतु यदि हम प्रदूषित वातावरण से दूर रहना चाहते हैं तो कोडईकनाल जा सकते हैं।

प्रदूषक अपने स्रोत-स्थान से वायुमंडल द्वारा किस प्रकार ग्राहक तक पहुंचता है, यह चित्र 7 में दिखलाया गया है। इनके ऊपर पवन-दिशा का प्रभाव पास या दूर के स्थानों पर अत्यधिक होता है। इसके अतिरिक्त वायुमंडल की स्थिरता की दशा और वर्षा से भी परिस्थिति-अनुकूल प्रदूषक का अवमिश्रण होता है। वायु की गति पर ही प्रदूषकों की सांद्रता निर्भर रहती है। सांद्रता उत्सर्जन के स्थान पर वायु-गति पर विलोमी अनुपात में होती है। वायुमंडल, रासायनिक अभिक्रियक तथा संचयक के रूप में भी प्रभावित करता है। सांद्रता बढ़ने पर रासायनिक क्रियाओं तथा संचय की गति भी बढ़ जाती है।

अध्याय 2

प्रदूषण-मापक उपकरण

वायुमंडलीय प्रदूषण का अध्ययन करने के लिए विभिन्न प्रकार के उपकरणों का प्रयोग किया जाता है, जैसे—

1. मौसम मापक उपकरण, जिससे निम्नलिखित प्रेक्षण लिए जाते हैं—

(1) वायुमंडलीय दाब, (2) तापमान, (3) वायु-दिशा व गति, (4) आर्द्रता, (5) वर्षण (वर्षा), (6) सौर- विकिरण, (7) दृश्यता।

2. वायुविलय की सांद्रता तथा उसमें विभिन्न प्रकार के परमाणु के लिए निम्न प्रकार के उपकरण प्रयोग किए जाते हैं—

(1) लिडार जिसमें रमण लिडार भी शामिल है, (2) लेज़र हेटरोडाइन यंत्र, (3) सोडार, (4) बहुतरंग दैर्घ्य रेडियोमीटर।

इनके अतिरिक्त 'ग्रीन हाउस' गैसों व प्रदूषक धातुओं के लिए निम्नलिखित यंत्र प्रयोग किए जाते हैं—

1. (क) डाबसन स्पेक्ट्रोग्राफ — ओजोन
   (ख) ओजोन सौंदे ⎤
   (ग) राकेट सौंदे ⎦ — ऊँचाई के साथ परिवर्तन
2. पराबैंगनी (UV) विकिरण मापक
3. एक्सरे तथा अणु अवशोषण (एटामिक एबजार्पशन) स्पेक्ट्रोफोटोमीटर
4. सल्फर डाइऑक्साइड व नाइट्रिक ऑक्साइड विश्लेषक
5. अवरक्त विश्लेषण आदि।

उपग्रहों द्वारा वायुमंडलीय धुंध व गैसों के विषय में जानकारी प्राप्त की जाती है, जिसकी चर्चा इसी अध्याय में बाद में की जाएगी। एटकिन केंद्रक (0.001 से 0.1 माइक्रोमीटर आकार) की सांद्रता केंद्रक गणकों का प्रयोग वायुयानों द्वारा निकाली जा सकती है। वायुविलय को अधिक आयतन सैम्पलर द्वारा इकट्ठा करके प्रयोगशाला में विभिन्न उपकरणों से विश्लेषित किया जा सकता है।

मौसम संबंधी उपकरण

(1) वायु-दाब मापी

किसी बिंदु के चारों ओर इकाई क्षेत्रफल पर खड़े वायुस्तंभ के कुल भार को वायु-दाब कहते हैं। इसे हेक्टो पेस्कल इकाई (एक मिलीबार या 1000 डाइन/सेंमी.^{2}) द्वारा मापा जाता है। औसत समुद्रतलीय वायु-दाब 1013.25 हे. पे. होता है जो ऊँचाई और तापमान के साथ बदलता है। बैरोमीटर में इसको पारद (मरकरी) स्तंभ की उस ऊँचाई (सें.मी.) के रूप में व्यक्त किया जाता है जो वायु-दाब के संतुलन में नली में खड़ा होता है। यह तीन प्रकार के होते हैं—

(अ) *पारद (मरकरी) वायु-दाब मापी :* इस श्रेणी में फोर्टिन और क्यू प्रकार के बैरोमीटर हैं, परंतु फोर्टिन बैरोमीटर अधिक इस्तेमाल होता है। इस प्रकार के बैरोमीटर के निचले भाग में चमड़े की एक थैली होती है, जिसके अंदर पारे के तल को एक सूचक द्वारा पाठांक लेने से पहले स्पर्श करना पड़ता है।

(ब) *एनेरायड बैरोमीटर :* यह पनारीदार धातु से बनी डिस्क के आकार के डब्बों को एक कतार में जोड़कर बनाया जाता है, जिसके अंदर की हवा निकाल दी जाती है। दाब बढ़ने से इन डब्बों का संकुचन होता है और दाब घटने से वे फूल जाते हैं। यह एक गोलाकार पैमाने पर एक (प्वाइंटर) सूचक द्वारा हवा का दाब बतलाता है, जो लिवर-प्रणाली से जुड़ा रहता है।

(स) *बैरोग्राफ :* उपर्युक्त दोनों प्रकार के दाब-मापी को पढ़ने के लिए किसी प्रशिक्षित व्यक्ति की आवश्यकता होती है। परंतु बैरोग्राफ द्वारा दाब का मान स्वयमेव हर क्षण अंकित होता रहता है। यह एनेरायड दाब-मापी के सिद्धांत पर कार्य करता है, जिसकी लिवर-प्रणाली द्वारा एक पेन बेलनाकार घड़ी (क्लॉक) ड्रम पर घूमती रहती है, जो 24 घंटे में एक बार चक्कर लगाकर चार्ट के ऊपर दाब अंकित करती है।

(2) तापमान

यह भूमितल की ऊँचाई, समुद्र से दूरी, वायु-प्रवाह, विकिरण (सूर्य उन्नतांश) और पृथ्वी की बनावट (पथरीली या वनस्पति से आच्छादित) आदि पर निर्भर करता है। इसके प्रेक्षण के लिए थर्मामीटर को चार फीट ऊँचे लकड़ी के एक बक्स में रखते हैं। इसे स्टीवेंसन स्क्रीन कहते हैं (चित्र 8), जिसका अगला भाग उत्तर की ओर उत्तरी गोलार्द्ध में रखते हैं, ताकि सूर्य की किरणें तापमापियों पर न पड़ें। इस बक्से में बाहरी वायु के अंदर आने-जाने का विशेष प्रबंध होता है। इसके अंदर निम्नलिखित तापमापी रखे जाते हैं—

(क) *शुष्क बल्बमापी :* यह साधारण पारे से भरा हुआ थर्मामीटर होता है, जिसे स्टीवेंसन स्क्रीन में ऊर्ध्वाधर रखते हैं।

(ख) *नम-बल्ब-तापमापी :* वायुमंडल में जल का वाष्पीकरण होने से वायु का

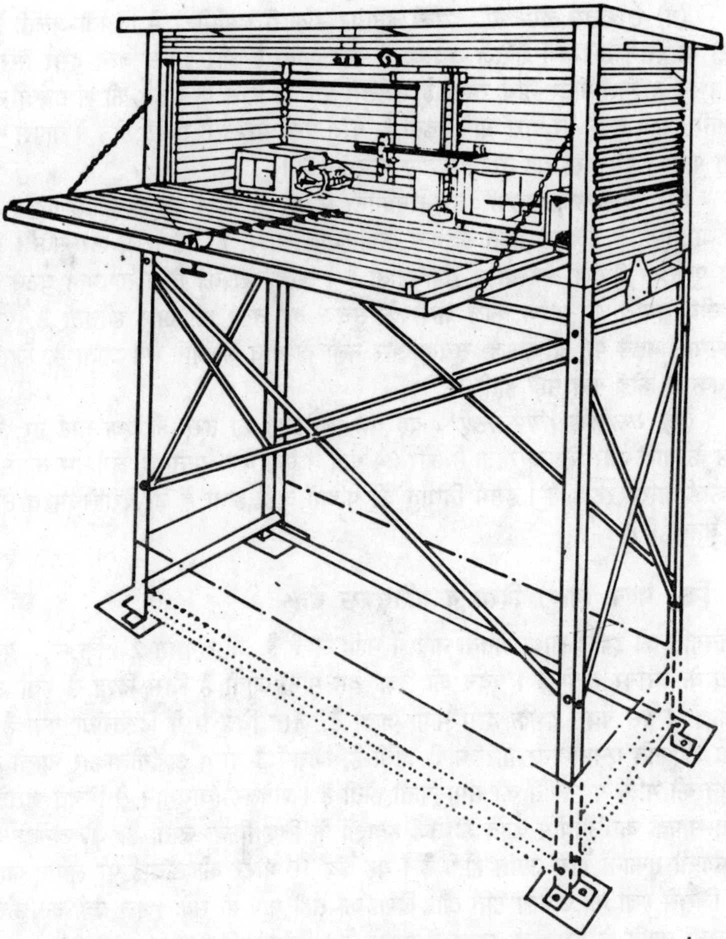

चित्र-8 : स्टीवेंसन स्क्रीन

तापमान घट जाता है । इसका कारण यह है कि वाष्पीकरण के लिए ऊष्मा वायुमंडल से ग्रहण की जाती है । जल को वाष्पीकृत करने से जितना निम्नतम तापमान हो जाता है, उसे नम बल्ब-तापमान कहते हैं । यह शुष्क बल्ब-तापमापी की तरह होता है, जिसके बल्ब के चारों ओर एक पतला कपड़ा (मसलिन) लपेट देते हैं और उसे सूती धागे से बाँध देते हैं । धागे के दूसरे सिरे को आसवित जलवाले बर्तन में डुबो देते हैं । वाष्पीकरण से बल्ब का तापमान गिरता है जो वायुमंडल की आर्द्रता पर निर्भर करता है । अतः इससे आर्द्रता निकाली जाती है ।

(ग) *उच्चतम तापमापी* : इसकी बनावट डॉक्टरी थर्मामीटर से मिलती-जुलती है। इसे स्टीवेंसन स्क्रीन में क्षैतिज अवस्था में रखा जाता है और इसका बल्ब दूसरे सिरे से लगभग 3 मिलीमीटर नीचे रहता है, जिससे पारे के स्तंभ के बढ़ने की संभावना नहीं रहती। ताप बढ़ने पर पारा आगे बढ़ता है, परंतु घटने पर नली संकरी होने से वापस नहीं आ पाता। इस तरह यह उच्चतम ताप बतलाता है।

(घ) *निम्नतम तापमापी* : इस थर्मामीटर में पारे के स्थान पर अल्कोहल का प्रयोग किया जाता है, जिससे बहुत ही कम हिमांकवाले स्थानों पर भी कार्य कर सके। इसे भी पूर्णतया क्षैतिज अवस्था में रखा जाता है। अल्कोहल का सिरा तापमान घटने पर पृष्ठीय तनाव के कारण काले शीशे के सूचक को बल्ब की ओर खींचता है, परंतु तापमान बढ़ने पर अल्कोहल, सूचक और नली के बीच से आगे बढ़ जाता है, जिससे सूचक में कोई गति नहीं होती।

(ङ) *थर्मोग्राफ (ताप-लेखी)* : यह यंत्र, बैरोग्राफ की तरह ही एक चार्ट पर, जो ड्रम के चारों ओर लिपटा रहता है और 24 घंटों में एक बार घूमता है, लगातार तापमान रिकार्ड करता रहता है। इसमें द्विधातु की पट्टियाँ जुड़ी होती हैं जो बेरीलियम व ताँबे से बनती हैं।

3. [क] पवन (वायु) दिशा व गतिसूचक यंत्र

पवनगति की इकाई साधारणतया नाट में मापी जाती है, जो लगभग 2 कि.मी. प्रति घंटा के बराबर होती है। पवन की दिशा वह मानी जाती है जिस दिशा से हवा आ रही हो। इसे पवन दर्शक द्वारा मापा जाता है, जैसा चित्र 9 में दिखलाया गया है। हवा की गति एनमोमीटर द्वारा मापी जाती है, जिसमें 3 या 4 अर्द्धगोलाकार प्यालों के घूमने की गति, पवनगति की समानुपाती होती है। प्रोपेलर (वायुयान से मिलते-जुलते) गति-मापक का उपयोग बहुत ही तेज हवाओं के लिए किया जाता है, जो टार्नेडो या चक्रवाती तूफानों द्वारा उत्पन्न होती हैं। यह यंत्र 10 मीटर की ऊँचाई पर लगाए जाते हैं, जिससे हवा की अबाध गति और दिशा का सही माप हो सके। इन यंत्रों को ऊँची इमारतों आदि से दूर खुली जगह में रखते हैं। विद्युतचालित वायुमापक यंत्र में एक छोटा जैनेरेटर वायुवेगमापी प्यालों के ऊर्ध्वाधर तर्कु के चारों ओर घूमकर वोल्टेज उत्पन्न करता है जो वायुबल (गति) के समानुपाती होता है।

[ख] डाइंस दाब नली पवनवेग लेखी

इसमें चूषण क्रिया से दाबांतर उत्पन्न किया जाता है, जो वायुगति के वर्ग के समानुपाती होता है। लीवर प्रणाली द्वारा यह दाबांतर आवर्तित होकर क्लाक (घड़ी) ड्रम पर लपेटे हुए चार्ट पर अंकित किया जाता है, जो वायुगति की इकाइयों में छपा होता है। पवन दर्शक का परिभ्रमण युग्मन द्वारा रिकार्डर को प्रेषित होकर पवन-दिशा भी बतलाता है।

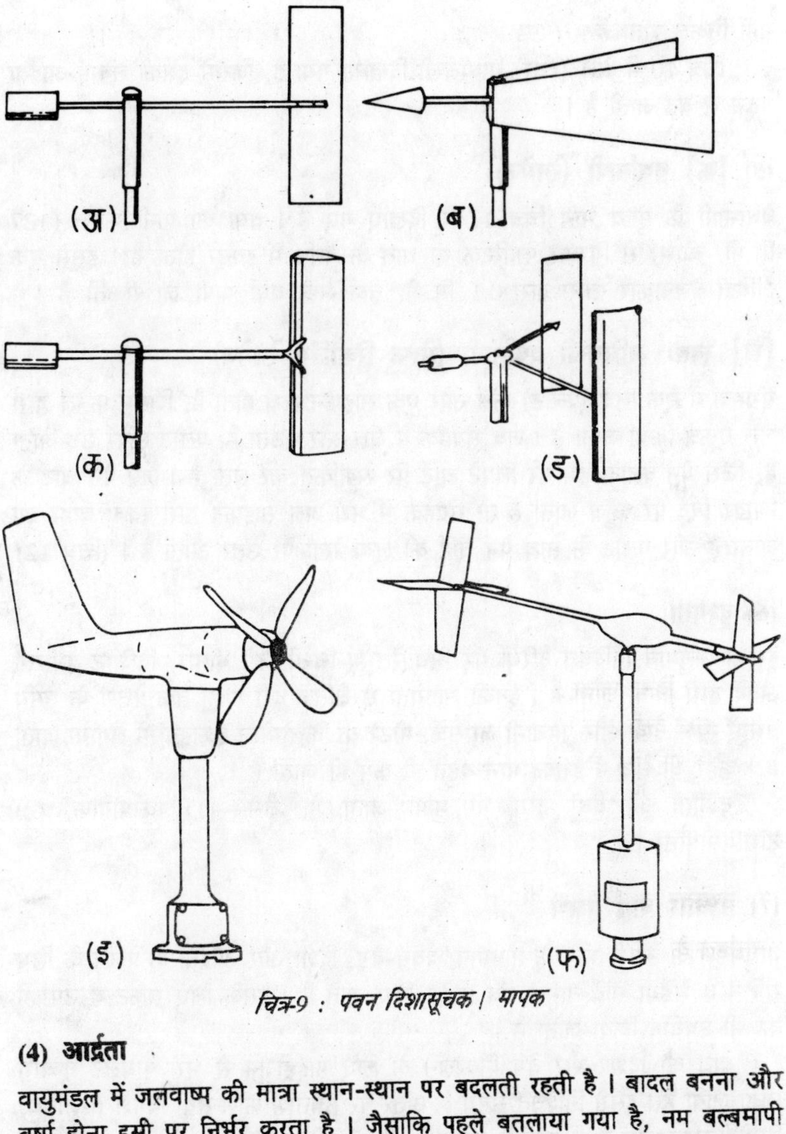

चित्र-9 : पवन दिशासूचक / मापक

(4) आर्द्रता

वायुमंडल में जलवाष्प की मात्रा स्थान-स्थान पर बदलती रहती है। बादल बनना और वर्षा होना इसी पर निर्भर करता है। जैसाकि पहले बतलाया गया है, नम बल्बमापी और शुष्क बल्बमापी थर्मामीटर द्वारा वायुमंडल की ओसांक व सापेक्ष आर्द्रता निकाल सकते हैं। परंतु ठंडे स्थानों पर जब आर्द्र बल्ब तापमान 0° C से नीचे पहुँच जाता है तो पानी जम जाने के कारण धागों द्वारा शोषण रुक सकता है और आर्द्रता का माप

नहीं निकल पाता है ।

चित्र 10 में केश (हेयर) वाष्पलेखी दिखाया गया है, जिसमें इसकी लंबाई आर्द्रता बढ़ने से बढ़ जाती है ।

(5) [क] वर्षामापी (रेनगेज)

वर्षामापी के मुख्य भाग चित्र 11 में दिखाए गए हैं । वर्षा का पानी फनेल (127 मि.मी. व्यास) से गिरकर प्लास्टिक या धातु के बर्तन में इकट्ठा होता है । इससे एक अंकित बेलनाकार ग्लास द्वारा 0.1 मि.मी. तक सही वर्षा मापी जा सकती है ।

[ख] स्वतः अभिलेखी वर्षामापी (सेल्फ रिकार्डिंग रेनगेज)

संग्रहक में एक प्लव (फ्लोट) कक्ष और एक साइफन कक्ष होता है, जिसमें फनेल द्वारा जल एकत्र किया जाता है । जब संग्रहक में जल-स्तर उठता है, फ्लोट ऊपर उठ जाता है, जिसे पेन क्लाक ड्रम पर लिपटे चार्ट पर रेखांकित कर लेता है । जब पेन चार्ट के शिखर बिंदु पर पहुँच जाता है तो संग्रहक में भरा जल साइफन द्वारा स्वतः बाहर आ जाता है और फ्लोट के साथ पेन चार्ट की शून्य रेखा पर उतर आता है । (चित्र 12)

(6) दृश्यता

इसका अनुमान निश्चित दूरियों पर निर्धारित भू-चिन्हों जैसे मीनार, विशिष्ट इमारतों आदि द्वारा किया जाता है । इनकी सहायता से क्षैतिज दूरी, जहाँ तक प्रेक्षण के समय वस्तुएँ स्पष्ट देखी और पहचानी जा सकें, मीटर या किलोमीटर इकाइयों में लगाया जाता है । कुहरे या धुंध में इसका मान बहुत ही कम हो जाता है ।

दृश्यता को यंत्रों द्वारा भी मापा जाता है, जैसे—(1) स्कोपोग्राफ, (2) ट्रांसमिसोमीटर ।

(7) उच्चतर वायु प्रेक्षण

वायुमंडल के ऊपरी भाग के तापमान, पवन-वेग, दिशा और आर्द्रता के प्रेक्षण के लिए राविन व रेडियो सौंदे नामक यंत्र प्रयोग किए जाते हैं । इसके लिए राकेट व उपग्रहों का भी उपयोग किया जाता है ।

वायु की दिशा और वेग निकालने के लिए हाईड्रोजन से भरा पायलट गुब्बारा छोड़ा जाता है । इससे निश्चित समय के अंतर पर उन्नतांश कोण तथा दिगंश (एज़िमिथ) थियोडोलाइट द्वारा पढ़ा जाता है । गुब्बारे की ऊँचाई उसके आरोह की दर से निकाली जाती है । इसका प्रयोग तब नहीं किया जा सकता जब गुब्बारा बादलों में गायब हो जाता है । इससे साधारणतया 10 से 12 कि.मी. ऊँचाई तक प्रेक्षण लिए जा सकते हैं ।

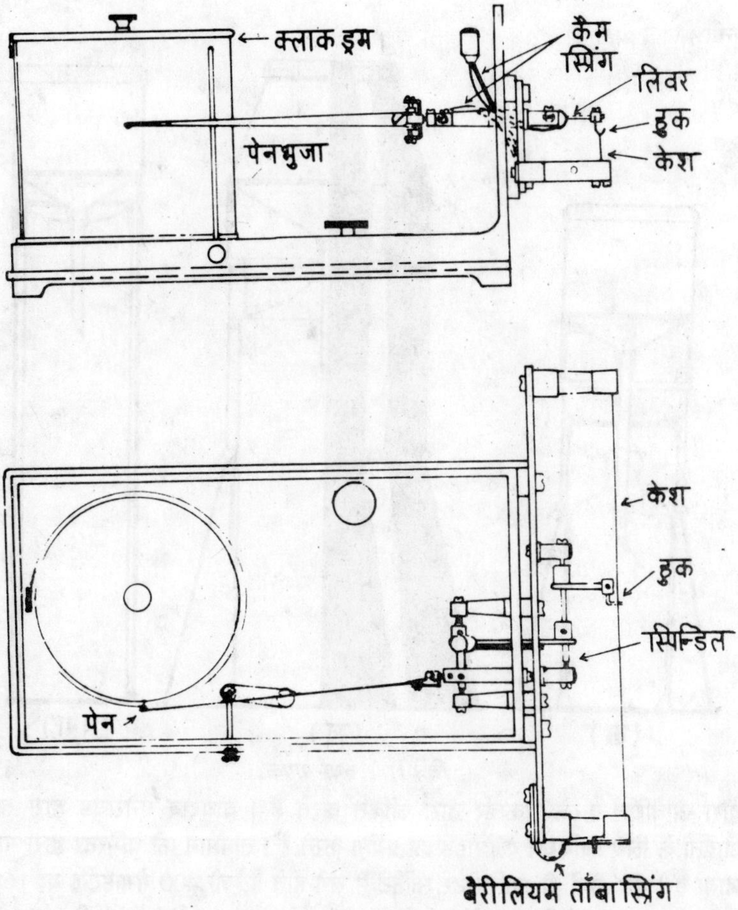

चित्र-10 : केश (हेयर) आर्द्रतालेखी

राविन (रेडियो विंड) द्वारा काफी ऊँचाई तक पवन-प्रेक्षण किए जाते हैं। गुब्बारे में एक छोटा रेडियो ट्रांसमीटर रख देते हैं, जिसके संकेत पृथ्वी पर रेडियो थियोडोलाइट द्वारा उन्नतांश और एज़िमिथ अंकित होते हैं। रेडियो थियोडोलाइट में एक शक्तिशाली एंटेना होता है, जिसे ट्रांसमीटर की ओर रखते हैं।

(8) रेडियो सौंदे

इस यंत्र द्वारा लगभग 30 कि.मी. ऊँचाई तक वायुदाब, तापमान और आर्द्रता का मान रेडियो-संकेतों द्वारा पृथ्वी पर स्थित एंटेना को भेजा जाता है। इनको रेडियो-रिसीवर

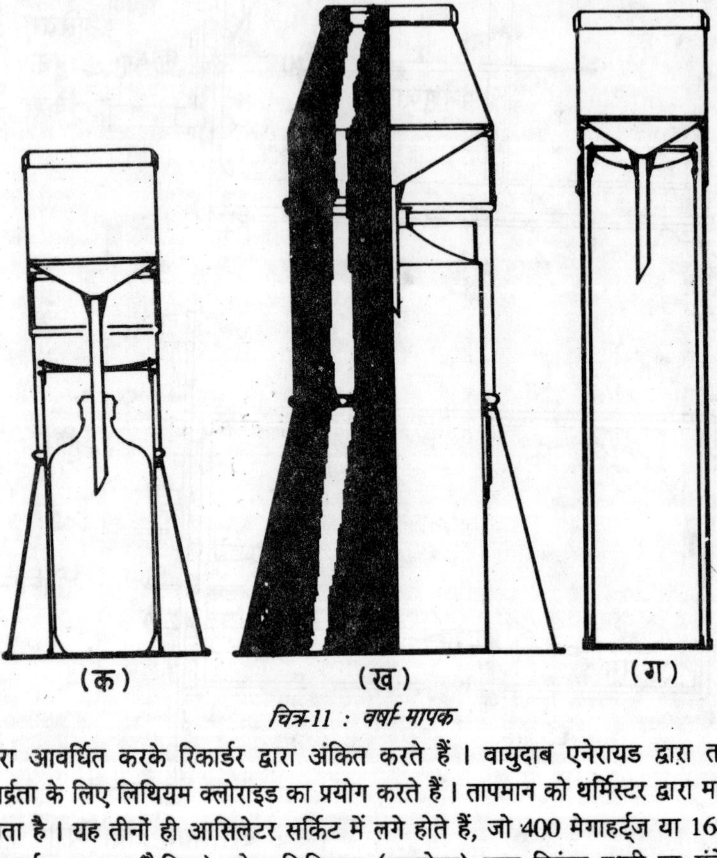

चित्र-11 : वर्षा-मापक

द्वारा आवर्धित करके रिकार्डर द्वारा अंकित करते हैं। वायुदाब एनेरायड द्वारा तथा आर्द्रता के लिए लिथियम क्लोराइड का प्रयोग करते हैं। तापमान को थर्मिस्टर द्वारा मापा जाता है। यह तीनों ही आसिलेटर सर्किट में लगे होते हैं, जो 400 मेगाहर्ट्ज या 1680 मेगाहर्ट्ज वाहक (कैरियर) को अधिमिश्रक (माडुलेटर) द्वारा निरंतर पृथ्वी पर संकेत भेजते रहते हैं। वेधशाला में इनको प्रवर्धक व परिचयन द्वारा अलग कर लेते हैं।

पृथ्वी के निकटवर्ती प्रेक्षण गुब्बारे की तेज उड़ान के कारण सही नहीं निकल पाते हैं, जिसके लिए विशेष प्रकार के गुब्बारे (धीमी गति से) व अधिक सुग्राही उपकरणों द्वारा प्रेक्षण किया जाता है, जिनका वर्णन आगे किया जाएगा। ऊपरी वायुमंडल के प्रेक्षणों की विश्व मौसम विज्ञान संगठन द्वारा दूसरे देशों के रेडियो सौंदे से तुलना करके यह निष्कर्ष निकाला गया कि भारत मौसम विज्ञान संगठन के उपकरण भी उतनी ही सही माप करते हैं, जैसे दूसरे देशों के रेडियो सौंदे। एस.के. श्रीवास्तव ने एक पीसी (पर्सनल कम्प्यूटर) द्वारा रेडियो साउंड से लिए गए प्रेक्षणों की स्वचालित विधि से गणना करके मानवीय त्रुटियों को दूर कर दिया है। तालिका 2 में जलवायु तथा सिनाप्टिक

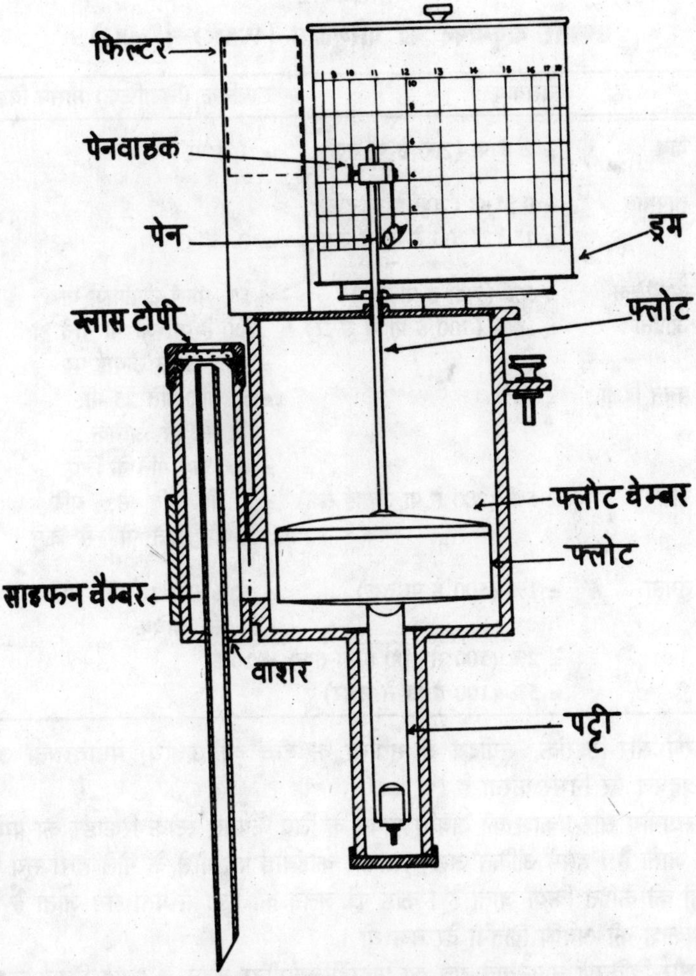

चित्र-12 : स्वतः अभिलेखी वर्षामापी

मौसम विज्ञान के लिए उच्चतर वायु मापन की परिशुद्धता को विभिन्न मौसम घटकों के लिए दिया गया है।

(9) विकिरण की माप

किसी स्थान पर प्राप्त विकिरण सौर-प्रकाश की अवधि का समानुपाती होता है और अक्षांशों तथा ऋतुओं के साथ बदलता है। पृथ्वी के किसी स्थान पर आपतित कुल

तालिका 2

उच्चतर वायुमापन की परिशुद्धता (WMO-नं. 483)

		जलवायु	सामयिक (सिनाप्टिक) मौसम विज्ञान
1.	दाब	± 2 हे पा (200 हे पा तक)	± 1 हे पा
2.	तापमान	± 0.5° C (200 हे पा तक) ± 1° C (200 हे पा से ऊपर)	± 0. 5° C
3.	आपेक्षिक आर्द्रता	± 5% (700 हे पा तक) ± 10% (700 हे पा से ऊपर)	± 5% पहले ट्रोपोपाज़ या 300 हे पा, जो भी नीचे हो ± 10% उससे ऊँचाई पर
4.	पवन दिशा	± 10°	± 5° यदि गति 25 मी. प्रति से. से अधिक ± 10° कम गति के लिए
	गति	± 5% (200 हे पा ऊँचाई तक)	± 1 मी. प्रति से., यदि 10 मी. प्रति से. से कम
5.	तुंगता	± 1% (500 हे पा तक)	± 10% यदि 10 मी. प्रति से. से अधिक
		± 2% (500 से 100 हे पा तक)	± 10%
		± 5% (100 हे पा से ऊपर)	

विकिरण सौर-स्थिरांक, सूर्योदय से सूर्यास्त के बीच की अवधि, मेघाच्छन्नता और वायु-प्रदूषण पर निर्भर करता है।

स्थानीय सौर-प्रकाश की अवधि मापने के लिए कैंपबेल स्टोक रिकार्डर का प्रयोग किया जाता है। इसमें अंकित अर्द्ध- वृत्ताकार कार्डबोर्ड पर शीशे के गोले द्वारा सूर्य की किरणों को केंद्रित किया जाता है। कार्ड पर जलने की रेखा से पता लग जाता है कि सौर-प्रकाश की अवधि कितनी देर तक थी।

सौर-विकिरण नापनेवाले यंत्र को पाइरहीलियोमीटर कहते हैं। यह विद्युत ऊष्मा के सिद्धांत पर कार्य करता है।

एंग्सट्राम पाइरहीलियोमीटर : यह सौर-विकिरण को, जो सीधी (प्रत्यक्ष) पड़ती है, मापने के लिए प्रयोग किया जाता है। इसमें एक ही प्रकार की दो धातु की पट्टियाँ होती हैं, जो मैगनीज़ की बनी होती हैं। इनमें से एक के ऊपर सूर्य की किरणें पड़ती हैं और दूसरी को एक पट द्वारा छाया में रखते हैं। विकिरण ऊर्जा के शोषण को धारामापी द्वारा मापते हैं जो छायावाली पट्टी को गर्म करने और दूसरी पट्टी को उसी तापमान पर

लाने के लिए आवश्यक होती है। दो तापद्विग्म (थर्मोकपुल) पट्टियों के पीछे लगे होते हैं, जो एक धारामापी से जुड़े रहते हैं। इन्हें चित्र 13 में दिखाया गया है।

विकिरण की गणना निम्नलिखित सूत्र से की जाती है—

$$\text{विकिरण} = \text{स्थिरांक} \times (\text{धारा})^2$$

इस यंत्र में तीन ग्लास फिल्टर लगे होते हैं, जिनमें क्रमशः 526 से 2900, 630 से 2900 और 702 से 2900 नैनोमीटर दीर्घ तरंगों के बैंड होते हैं।

मांटब्लेक्स प्रोग्राम : विज्ञान व प्रौद्योगिकी विभाग, नई दिल्ली ने 'मांटब्लेक्स' नामक एक प्रोग्राम प्रारंभ किया है, जिसका उद्देश्य उत्तरी भारत पर मानसून ट्रफ (द्रोण) परिसीमा-स्तर का गहन अध्ययन करना है, ताकि विभिन्न प्रकार के प्रेक्षणों का उपयोग मौसम के मॉडलों में किया जा सके। इसमें खड़गपुर, वाराणसी, नई दिल्ली एवं जोधपुर में 30 मीटर ऊँचे स्तंभ (टॉवर) बनाए गए हैं, जिनमें मौसम के प्रेक्षण पाँच सतहों पर लिए जा सकें और उनसे गतिमात्रा, ताप व आर्द्रता के अभिवाह की गणना की जा सके। स्पष्ट है कि इसके लिए हमें रेडियो सौंदे के संवेदकों को बदलना पड़ता है जिससे यह अधिक सुग्राह्य होने के साथ जल्दी से जल्दी माइक्रोप्रोसेसर द्वारा तापमान, पवन-गति और आर्द्रता का माप दे सके। इनके परिणामों का उपयोग प्रदूषकों के अध्ययन के लिए भी किया जा सकता है। (मालती गोयल और एच.एन. श्रीवास्तव, 1990)

(1) *पवन-गति माप* : [क] कप एनमोमीटर—कम अनुक्रिया मापन के लिए। [ख] गर्म तार एनमोमीटर—शीघ्र अनुक्रिया मापन के लिए। [ग] सोनिक एनमोमीटर—यह लगातार पवन की गति मापने के लिए काम आता है। इससे कला- वेग भी निकलता है।

$$V_d = \frac{C^2}{2d}(t_2 - t_1)$$

जिसमें V_d, वायु का घटक पथ लंबाई d, c ध्वनि का हवा में वेग, t_1 व t_2 ध्वनि वेग के वायु के साथ व उल्टी दिशा में पथ पर चलने के समय।

(2) *तापमान* : [क] प्लेटिनम प्रतिरोधक थर्मामीटर। [ख] सोनिक थर्मामीटर, जिसमें ध्वनि-तरंगों का उपयोग किया जाता है।

(3) *जलवाष्प-माप* : [क] लाइमन अल्फा हाइग्रोमीटर—इसमें पराबैंगनी विकिरण अवशोषण-सिद्धांत का प्रयोग किया जाता है। इसमें एक प्रकाश-स्रोत नाइट्रिक ऑक्साइड परिचयक और (इलेक्ट्रोमीटर) विद्युतमापी होते हैं। जैसे ही पराबैंगनी प्रकाश-स्रोत व परिचयक (जिनके बीच की दूरी कुछ मिलीमीटर होती है) के ऊपर से गुजरती है, वह जलवाष्प द्वारा अवशोषित हो जाती है। अतः परिचयक पर प्रकाश की तीव्रता कम हो जाती है। विद्युतमापक के सिगनल में उसी के अनुसार परिवर्तन होकर आर्द्रता की माप हो जाती है।

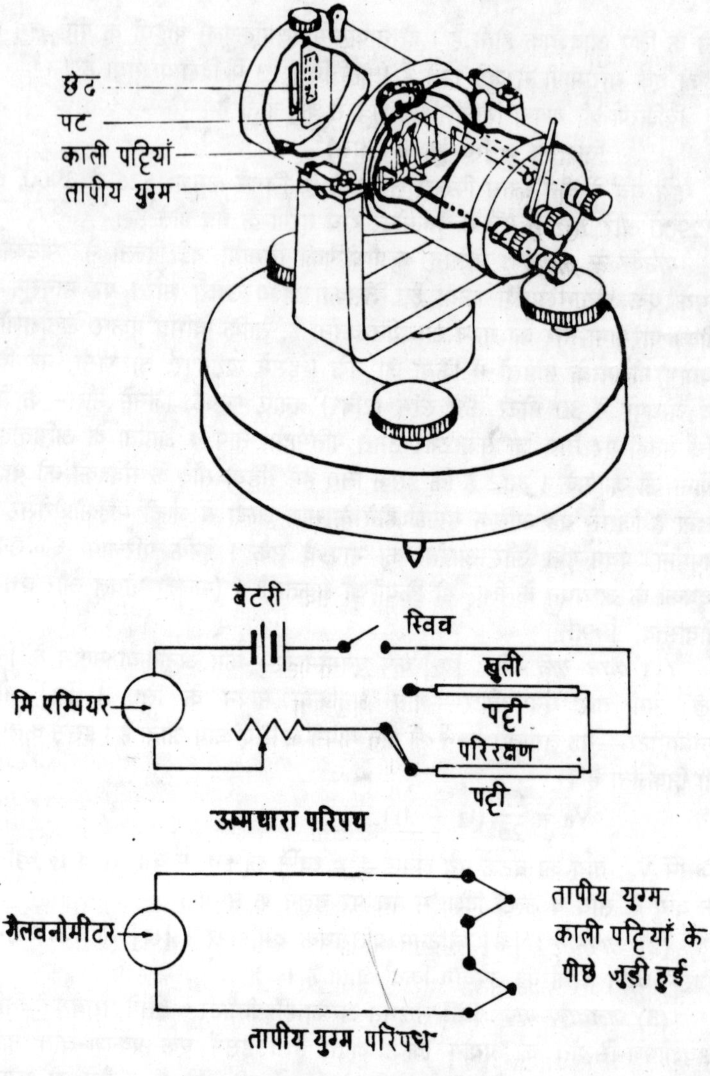

चित्र-13 : एंगस्ट्राम पाइरोहीलियो मीटर

डोरी से बँधे हुए गुब्बारे व काइट्रन : इनसे ऊर्ध्वाधर में पवन-गति, तापमान और जलवाष्प की गणना एक किलोमीटर ऊँचाई तक की जा सकती है और 25 मीटर प्रति सैकेंड तक की हवाओं में प्रयोग किया जा सकता है। गुब्बारे से रेडियो सौंदे की तरह

एक ट्रांसमीटर पृथ्वी पर संकेत भेजता रहता है, जिसे विश्लेषित करके मौसम विज्ञान प्रेक्षण प्राप्त हो जाते हैं ।

ओज़ोन मापक यंत्र

1. डाब्सन स्पेक्ट्रोफोटोमीटर

इससे वायुमंडल के ऊर्ध्वाधर स्तंभ में कुल ओज़ोन की मात्रा मापी जाती है । इसके लिए पराबैंगनी क्षेत्र में दो तरंगें इस प्रकार की चुनी जाती हैं कि तरंग दैर्घ्य द्वारा ओज़ोन का अवशोषण दूसरे की अपेक्षा कहीं अधिक हो । डाब्सन के लिए निम्नलिखित द्विग्म तरंगें प्रयोग की जाती हैं—

अ (3055 A°, 3254 A°)
स (3114 A°, 3324 A°)
द (3176 A°, 3398 A°)

सौर पराबैंगनी विकिरण के दोनों तरंग दैर्घ्य की तीव्रता को मापने से कुल ओज़ोन की गणना की जाती है । द्विग्म एकवर्णी द्वारा दोनों तरंग दैर्घ्य को अलग कर लिया जाता है और एक प्रकाश गुणक द्वारा पराबैंगनी प्रकाश की धीमी तीव्रता को मापा जाता है ।

2. ओज़ोन सौंदे गुब्बारे

इसका सिद्धांत यह है कि यदि ओज़ोनवाली हवा को पोटेशियम आयोडाइड घोल से भेजा जाए, तो इलेक्ट्रान का विनिमय ओज़ोन की मात्रा से समानुपाती होता है ।

भारत मौसम विज्ञान में डॉ. सी.आर. श्रीधरन व अन्य साथियों की सहायता से ओज़ोन सौंदे बनाया गया है । इसमें निम्नलिखित भाग होते हैं—

(1) विद्युतविश्लेषी क्रिया का सेल (डब्बा) ।

(2) एक सूक्ष्म हवा का पम्प, जो एक छोटी मोटर से घूमता है ।

(3) एक DC (डी.सी.) प्रवर्धक (ओज़ोन धारा के लिए) ।

(4) एक अधिमिश्रक (माडुलेटर), जो रेडियो सौंदे ट्रांसमीटर से जुड़ा होता है ।

(5) एक मोटरचालित प्रोग्राम, जिससे विभिन्न घटक एक निश्चित क्रम में रहें और बैटरी को स्विच किया जा सके ।

प्लेटिनम और चाँदी के विद्युत चालक के बीच में 0.43 वोल्ट का विभव लगाया जाता है । प्रत्येक ओज़ोन परमाणु द्वारा संवेदक के बाहर दो इलेक्ट्रान निकलते हैं । इससे उत्पन्न धारा को बढ़ाकर ब्लाकिंग आसीलेटर की आकृति को अधिमिश्रित करता है । अतः ओज़ोन और पोटेशियम आयोडाइड के घोल में हुई प्रतिक्रिया द्वारा ओज़ोन का आंशिक दाब निकाला जाता है—

$$p \text{ (माइक्रोमिलीबार)} = 4.3 \times 10^{-3} \; i \; T \; t$$

जहाँ   i = ओज़ोन धारा माइक्रोएम्पियर

T = हवा का तापमान (डिग्री केल्विन)

t = समय (सैकेंड) जिसमें 100 मिलीलीटर वायु को पम्प करते हैं ।

यह यंत्र लगभग 30 किलोमीटर ऊँचाई तक कार्य करता है ।

(3) राकेट सौंदे

इसका प्रयोग 15 से 70 किलोमीटर ऊँचाई तक ओज़ोन मापने में किया जाता है । इसमें सौर पराबैंगनी विकिरण के अवशोषण को तीन बैंड में 250 नैनो मी., 280 नैनो मी., 310 नैनो मी. मापा जाता है । यह उपकरण भौतिकी अनुसंधान वेधशाला, अहमदाबाद में बनाया गया और थुम्बा में राकेटों के साथ ओज़ोन मापने के लिए छोड़ा गया । इस यंत्र में तीन फोटोमीटर (प्रकाश-मापक) लगे होते हैं जिनमें फिल्टर, फोटो ट्यूब (प्रकाशनली) और प्रवर्धक लगे होते हैं । फोटो डायोड की 200 से 290 नैनो मी. तक समान अनुक्रिया रहती है । इस प्रकार ओज़ोन की सांद्रता वायुमंडल में ऊँचाई के साथ किस प्रकार बदलती है, यह पता लग जाता है । राकेट सौंदे के प्रेक्षण थुम्बा के अतिरिक्त श्रीहरिकोटा और बालासोर से भी किए गए हैं ।

उपग्रहों द्वारा ओज़ोन की माप

वायुमंडलीय ओज़ोन की माप उपग्रहों में लगे हुए कुल ओज़ोनमापी स्पेक्ट्रोमीटर द्वारा की जाती है । 1978 से निम्बस-7 द्वारा कुल ओज़ोन की माप पूरे विश्व में हो रही है । परन्तु इस यंत्र को दूसरे उपग्रहों में भी लगाया जा रहा है, जिससे निम्बस के क्षीण पड़ने पर भी ओज़ोन की मात्रा का सही अनुमान मिलता रहे । इससे ओज़ोन का ऊर्ध्वाधर वितरण 25 किलोमीटर से ऊपर सही प्राप्त होता है, जबकि ओज़ोन सौंदे 30-35 किलोमीटर की ऊँचाई तक ही माप सकता है । अतः क्षोभमंडल से स्थिर मंडल तक कुल ओज़ोन दोनों विधियों को मिलाकर प्राप्त करना आवश्यक है ।

यह स्पष्ट करना आवश्यक है कि उमखेर युक्ति द्वारा भी ओज़ोन का ऊर्ध्वाधर वितरण पृथ्वी की सतह पर प्रेक्षण द्वारा निकाला जाता है । जैसे-जैसे सूर्य क्षितिज की ओर उतरता है, डाबसन स्पेक्ट्रोफोटोमीटर द्वारा दो दैर्घ्य तरंगों पर विकिरण-तीव्रता का भान हो जाता है । जैसे ही सूर्य, शिरोबिन्दु कोण (80°) से ऊपर एक निश्चित स्थान पर पहुँचता है, वह अनुपात फिर से बढ़ने लगता है क्योंकि लघु दैर्घ्य तरंग, दीर्घ दैर्घ्य तरंग की अपेक्षा बढ़ जाती है ।

वायुप्रदूषण उपकरण

औद्योगीकरण और बढ़ती हुई आबादी के साथ-साथ धुआँ फेंकते हुए वाहनों के कारण, विशेषकर शहरों में, हवा प्रदूषित होती जा रही है । विश्व स्वास्थ्य संगठन तथा संयुक्त

राष्ट्र पर्यावरण कार्यक्रम के अंतर्गत 1973 ई. से विश्व के विभिन्न देशों में वायु की गुणवत्ता से संबंधित आँकड़े इकट्ठे किए जा रहे हैं। इस प्रोजेक्ट में 50 देशों के लगभग 200 स्टेशन भाग ले रहे हैं। कुछ शहरों में तीन या चार स्थानों पर प्रेक्षण लिए गए हैं।

1. लिडार

इसे लेज़र रेडार भी कहते हैं, जिससे वायुमंडलीय अवयवों (वायुविलय) व मौसम संबंधी आँकड़े प्राप्त किए जाते हैं। लेज़र किरणों के अत्यधिक संसक्त, संकुचित बैंड और अत्यधिक शक्ति के कारण इनका प्रयोग महत्वपूर्ण है। वायुमंडल के सुदूर भाग में दिन में भी बहुत-से फ़ोटोन के प्रयोग से यह रेडार की भाँति लगातार कार्य करता है, जबकि राकेट अथवा गुब्बारे द्वारा प्राप्त आँकड़े निश्चित समय में ही लिए जा सकते हैं। इसमें निम्नलिखित भाग होते हैं—

(1) ट्रांसमीटर, जिसमें लेज़र व उसके भेजने संबंधी प्रकाशिकी होती है।

(2) संग्राही, जिसमें एक टेलीस्कोप (दूरदर्शक), परिचयन व आँकड़ों का विश्लेषण होता है।

लिडार दो प्रकार के बनाए गए हैं। मोनो स्टेटिक लिडार में ट्रांसमीटर व संग्राही पास-पास रखे जाते हैं, पर बाई (द्वि) स्टेटिक लिडार में उन दोनों को विभिन्न स्थानों पर रखा जाता है, जैसा कि चित्र 14 में दिखाया गया है। वायुमंडलीय प्रेक्षणों में इनका प्रयोग आवश्यकतानुसार किया जाता हैं। बाई स्टेटिक लिडार अधिक उपयोगी होते हैं, पर उनका उपयोग करना एक जटिल काम है।

वायुमंडल में धुंध के कणों (वायुविलय) में जब लेज़र किरणें पहुँचती हैं तो प्रकीर्णन द्वारा वे वापस आती हैं और प्रकाशीय प्रणाली में रिकार्ड कर ली जाती हैं, जिससे उनके विषय (उपस्थिति, आकार, दूरी और सांद्रता) में आँकड़े प्राप्त हो जाते हैं। तालिका 3 में विभिन्न प्रकार के लेज़र का वायुमंडलीय प्राचलों में प्रयोग दिया गया है।

भारत में लिडार का प्रयोग निम्नलिखित स्थानों में किया जा रहा है—

भारतीय उष्णदेशीय मौसम विज्ञान संस्थान, पुणे। इसके द्वारा दो प्रकार के लिडार का प्रयोग किया जाता है। हीलियम नियान लेज़र, जिसकी शक्ति 5 मिलीवाट होती है, वह 300 मीटर ऊँचाई तक के वायुविलय के अध्ययन के लिए प्रयोग करते हैं। आर्गन आयन लेज़र, जिसकी शक्ति चार वॉट है, का प्रयोग 5 किलोमीटर ऊँचाई तक फैले हुए कणों के प्रेक्षण के लिए किया जाता है।

विक्रम साराभाई अंतरिक्ष केंद्र, त्रिवेंद्रम। यहाँ भी लिडार द्वारा भूमध्यरेखा के निकटवर्ती समुद्री वातावरण के वायुविलय का अध्ययन किया जाता है। यह लिडार 694.3 नैनो मी. पर कार्य करता है और 300 मि.मी. व्यास के दूरदर्शी द्वारा प्रकीर्णन संकेत को प्राप्त करके एक प्रिंटर व टेपरिकार्डर पर रिकार्ड कर लेते हैं। इस लिडार की स्पंद विस्तृति 4 माइक्रो सैकेंड और स्पंद पुनरावृत्ति आवृति 2 स्पंद प्रति मिनट है।

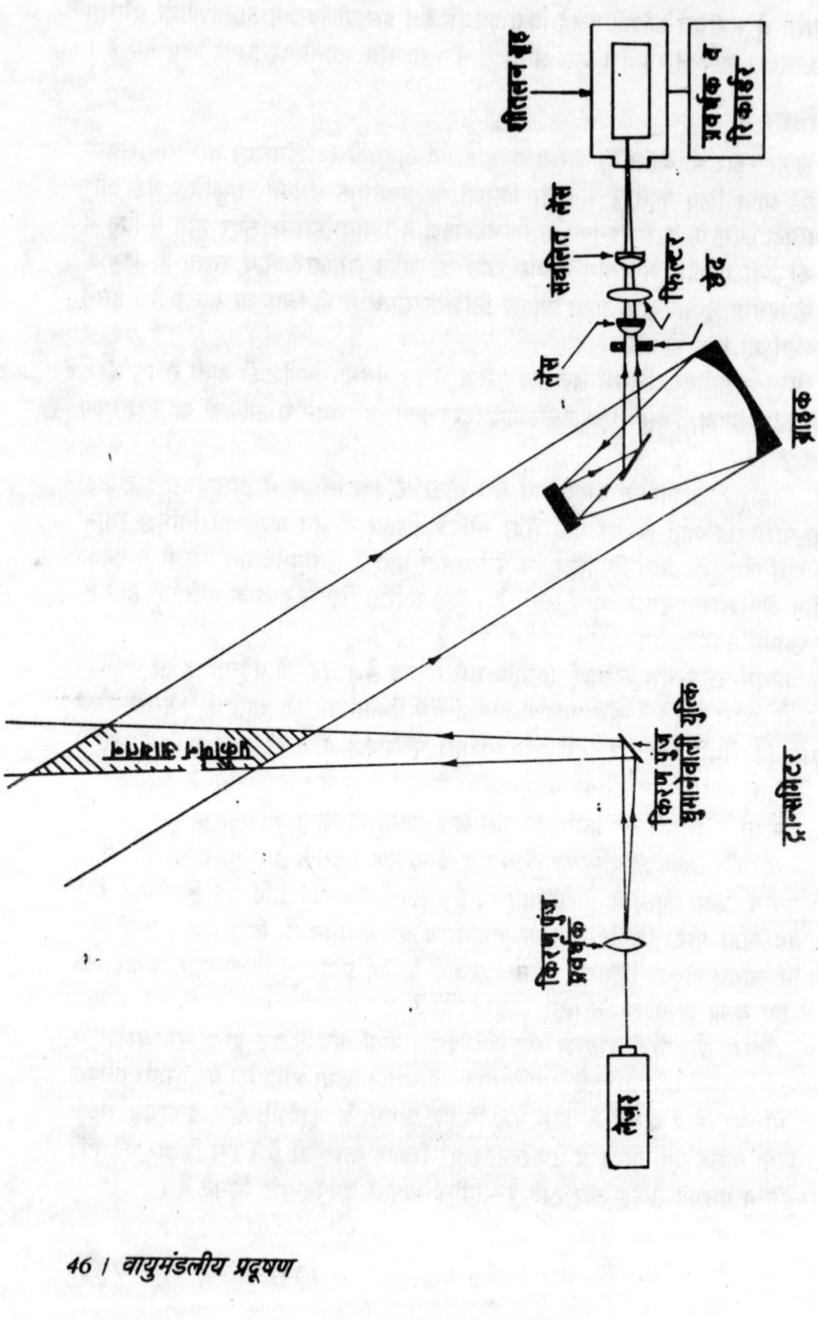

चित्र-14 : बाई (द्वि) स्टैटिक लिडार

लिडार के अतिरिक्त माइक्रोवेव रेडियोमीटर द्वारा ओज़ोन की ऊँचाई से सांद्रता में परिवर्तन पृथ्वी से लगभग 60 किलोमीटर तक प्राप्त किया जा सकता है ।

2. रामन लिडार

रामन प्रकीर्णन और लेज़र किरणों का प्रयोग करके रामन लिडार बनाया गया है । यह वायुमंडलीय नाइट्रोजन, ऑक्सीजन, जलवाष्प, कार्बन डाइऑक्साइड व सल्फर डाइऑक्साइड, परमाणु घनत्व, तापमान के परिवर्तन का ऊँचाई के साथ पता लगा सकता है । चित्र 15 में रामन लिडार दिखाया गया है, जिसमें एन.डी. याग लेज़र की किरणें एक दर्पण द्वारा वायुमंडल में भेजी जाती हैं । वायुमंडल से विकीर्ण होकर वापस आने पर 1.5 मीटर व्यास के एक दूरदर्शी, प्रकाशगुणक और प्रवर्धक द्वारा कम्प्यूटर से विश्लेषण करके रिकार्ड कर लेते हैं । अवकल अवशोषण लिडार की अपेक्षा रामन लिडार अधिक उपयोगी है, परन्तु दोनों को मिलाकर चलती-फिरती लिडार-प्रणाली द्वारा वायुमंडल के कई प्रदूषकों का पता लगाने की दिशा में इनका विशेष महत्व है ।

3. सोडार

इनका प्रयोग भी वायुमंडल के मौसम संबंधी घटक अथवा वायुविलय के प्रेक्षण के लिए किया जाता है । इसमें 1500 से 6000 हर्ट्ज आवृत्ति की ध्वनि-तरंगों को भेजा जाता है । वायुमंडल में जहाँ भी तापमान, पवनगति या वाष्पन के भँवर मिलते हैं, वहाँ से यह तरंगें वापस आ जाती हैं, जिनको रिकार्ड कर लिया जाता है ।

वायु-प्रदूषण के अध्ययन के लिए इसका विशेषकर प्रयोग किया जाता है । लिडार की भाँति यह भी दो प्रकार के होते हैं । यदि एक ही एंटेना का तरंगों को भेजने और प्रत्यावर्ती तरंगों को ग्रहण करने के लिए प्रयोग करते हैं तो उसे मोनो (एक) स्टेटिक कहते हैं । पर यदि इन दोनों कार्यों के लिए दो ऐंटना प्रयोग किए जाते हैं तो इन्हें बाई (द्वि) स्टेटिक सोडार कहते हैं ।

निचले वायुमंडल के अध्ययन के लिए ध्वनि-तरंगों का उपयोग विद्युत चुंबकीय तरंगों की अपेक्षा अधिक उपयोगी है । परिसीमा स्तर में अपवर्तनांक में ध्वनि-तरंगों के परिवर्तन 1000 गुना अधिक होते हैं । अतः क्षुब्धता की प्रकीर्णन कार्यदक्षता लगभग दस लाख गुना बढ़ जाती है । इसी प्रकार 1° सें. तापमान बदलने से ध्वनिक अपवर्तनांक में रेडियो या प्रकाश अपवर्तनांक की अपेक्षा लगभग 1700 N इकाई परिवर्तन होता है । पवन-गति में एक मीटर प्रति सैकेंड से 3000 N इकाई से ध्वनिक अपवर्तनांक में परिवर्तन होता है, जबकि विद्युत चुंबकीय तरंगों में लगभग कोई परिवर्तन नहीं होता । इसी तरह वाष्प-दाब में एक मिलीबार परिवर्तन होने से 140 N इकाई ध्वनिक अपवर्तनांक बदलता है, जबकि रेडियो अपवर्तनांक में 4 N इकाई और प्रकाश अपवर्तनांक में केवल 0.04 N इकाई परिवर्तन होता है ।

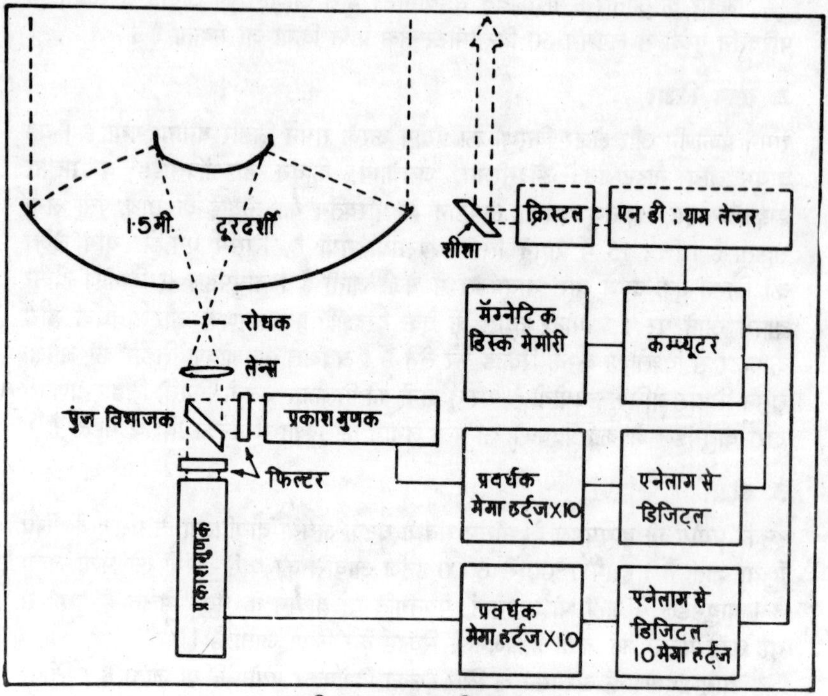

चित्र-15 : रामन लिडार

मोनोस्टेटिक सोडार राष्ट्रीय भौतिकी वेधशाला, नई दिल्ली में एस.पी. सिंघल द्वारा बनाया गया है। इसमें 1.8 मीटर पैराबोलिक डिश का एंटेना प्रयोग होता है।

सोडार का प्रयोग भाभा अनुसंधान केंद्र, तारापुर और केंद्रीय प्रदूषण नियंत्रण बोर्ड, दिल्ली में भी हो रहा है। सोडार द्वारा निम्नलिखित प्रेक्षण लिए जा सकते हैं—

(1) परिसीमा-स्तर।

(2) पवन-गति।

(3) मिश्रित सतह की ऊँचाई।

(4) स्थिरता-ह्रास-दर।

भारतीय उष्णदेशीय मौसम विज्ञान संस्थान, पुणे के डापलर सोडार द्वारा पवन-गति और क्षुब्धता की गणना करके मिश्रित तह से संबंधित विशेष आँकड़े प्राप्त करने में सहायता मिली है।

4. लेज़र हेटरोडाइन यंत्र

यह यंत्र राष्ट्रीय भौतिकी प्रयोगशाला, नई दिल्ली में बनाया गया है (चित्र 16)। इसमें

तालिका 3

कुछ प्रमुख लेज़र व उनके वायुमंडलीय प्राचलों का अध्ययन

नं.	लेज़र	वायुमंडलीय प्राचल/संघटक	क्रिया	परिशुद्धता	दूरी (कि.मी.)
(1)	आर्गन$^{(+)}$ हीलियम - नियन रूबी, एन.डी. याग (Nd : YAG)	धुंध, बादल, ज्वालामुखी, राख, धुआँ	मी. और रैले प्रकीर्णन	1 से 10%	50 तक
(2)	आर्गन$^{(+)}$ डाई, कार्बन डाइऑक्साइड, CO : Mg. F_2	जलवाष्प, ओज़ोन, सल्फर डाइ-ऑक्साइड, कार्बन मोनोऑक्साइड़, कार्बन डाइऑक्साइड, नाइट्रिक, नाइट्रस ऑक्साइड, अमोनिया, मीथेन, हाईड्रोक्लोरिक अम्ल	रामन, डायल	परावर्तित 1 भाग प्रति 10^{12} से 100 भाग प्रति 10^6	5 तक
(3)	डाई	OH, सोडियम, पोटेशियम, लीथियम, कैलशियम		10^2 से 10^7 अणु/सेमी.^{2}	90 तक
(4)	डाई, एन डी : याग एलेक्सनड्राइट	तापमान वायुदाब	डायल, रामन	1° केलविन 5 मिलीबार	90 तक
(5)	आर्गन$^{(+)}$ कार्बन डाइऑक्साइड	पवन गति	डापलर	0.5 मी. प्रति सै.	20 तक

निम्नलिखित भाग होते हैं—

(1) समस्वरण (ट्यूनेबिल) कार्बन डाइऑक्साइड तरंग संदर्शक लेज़र । (2) द्रव नाइट्रोजन द्वारा ठंडा किया गया पारा (मरकरी) कैडमियम टेलुराइड फोटो वोल्टेइक परिचयक (डिटेक्टर) । (3) सौर ट्रेकर (ऊर्ध्वाधर में) । (4) स्पेक्ट्रम विश्लेषक-रेडियो आवृत्ति (1500 मेगाहर्ट्ज) । (5) कार्बन डाइऑक्साइड लेज़र स्थानीय (लोकल) आसीलेटर इत्यादि ।

सोलर ट्रेकर द्वारा सौर विकिरण सूर्य की ओर करके प्राप्त की जाती है । लोकल आसीलेटर को वायुमंडलीय संघटक की अवशोषण रेखा के अनुसार समस्वरित (ट्यून) किया जाता है । आनेवाली सौर विकिरण को फिल्टर करते हैं । 8 से 12 माइक्रोमीटर की अवरक्त विकिरण को कार्बन डाइऑक्साइड की अल्प शक्ति (1 से 3.5 वाट) लेज़र किरण से मिला देते हैं, जिसके लिए एक जिंक सेलेनाइड पुंज विच्छेदक का प्रयोग किया जाता है । दोनों से उत्पन्न अंतर आवृत्ति (IF सिगनल) को परिचयन करके, परावर्धक द्वारा बढ़ाकर 25 से 1000 हर्ट्ज फिल्टर से भेजते हैं । अंत में इसे एक चार्ट रिकार्डर से रिकार्ड कर लेते हैं । वायुमंडलीय घटकों की अवशोषण रेखा के आसपास की विभिन्न IF आवृत्ति के प्रेक्षण लेने से अवयव का पूरी तरह विभिन्न ऊँचाई पर पता लग जाता है ।

इस यंत्र का प्रयोग मुख्यतः ओज़ोन व जलवाष्प के प्रेक्षण के लिए किया गया है। ओज़ोन के लिए 1043.1631 (सें.मी.$^{-1}$) और जलवाष्प के लिए 924.9893 (सें.मी.$^{-1}$) रेखाओं (लाइंस) को चुना जाता है। 15 से 40 कि.मी. की ऊँचाई तक ओज़ोन का पता लग जाता है।

5. बहु दैर्घ्य तरंग (मल्टी वेव लेंग्थ) रेडियोमीटर

इसके द्वारा वायुविलय (धुंध) की प्रकाशीय गहराई व उनके आकार के विषय में प्रेक्षण लिए जाते हैं। इस यंत्र में सौर विकिरण को नौ दैर्घ्य तरंगों पर (400, 450, 500, 590, 700, 750, 800, 935, एवं 1025 नैनो मी.) सौर शिरोबिंदु कोण पर रिकार्ड किया जाता है। फिल्टरों को चुनकर एक फिल्टर पहिया, जो स्टेपर मोटर द्वारा चालित किया जाता है, इन दैर्घ्य तरंगों को क्रम से रिकार्ड करता है। सौर अभिवाह को एक सिलिकान फोटो डिटेक्टर अभिवर्धक द्वारा विद्युत विभव (वोल्टेज) में बदल देता है। ताप प्रिंटर से डेटा रिकार्ड करते हैं। इसका दृष्टि-पथ 2° होता है।

मेघरहित आकाश में सौर शिरोबिन्दु कोण के अनुसार प्रेक्षण लिए जाते हैं। लैंगले के सिद्धांत के अनुसार कुल वायुमंडलीय प्रकाश-गहराई (आप्टिकल डेप्थ) को प्रत्येक दैर्घ्य तरंग पर लैम्बर्ट-बियर नियम का प्रयोग करके निकाल लेते हैं। कुल आप्टिकल डेप्थ में परमाणु प्रकीर्णन, परमाणु अवशोषण और धुंध प्रकीर्णन व अवशोषण सम्मिलित हैं।

6. UV-B (पराबैंगनी-नीली) फोटोमीटर

यह पृथ्वी की सतह पर प्रत्यक्ष सौर विकिरण (पराबैंगनी विकिरण के परिवर्तनों द्वारा) मापता है, जो कुल ओज़ोन की मात्रा से संबंधित किया जाता है। ओज़ोन के घटने से UV की मात्रा बढ़ जाती है। इसमें चार संकुचित बैंड के व्यतिकरण फिल्टर 280, 290, 300 और 310 नैनो मीटर दैर्घ्य तरंगों पर एक पहिए पर लगे होते हैं, जो (सिन्क्रोनस) तुल्यकाली मोटर द्वारा चालित होती है। फिल्टर घूमने से क्वार्ट्ज़ खिड़की के सामने पड़ती है जो फोटान गुणक ट्यूब (पी एम टी) पर भूमंडलीय आकाश विकिरण को केंद्रित करती है। इसके कैथोड द्वारा प्रकाशीय संकेत डी.सी. विद्युत तरंगों में बदल जाते हैं, जो भूमंडलीय विकिरण के समानुपाती होते हैं। इसको डेटा लागर द्वारा विभव को प्रति मिनट प्रिंट किया जाता है। विभिन्न शिरोबिंदु कोण पर फोटोमीटर को सौर ट्रेकर द्वारा घुमाकर प्रेक्षण लिए जाते हैं।

UV की तीव्रता के बदलने का कारण ओज़ोन व वायुविलय के वितरण के अनुसार परिवर्तन होते हैं।

7. अणु अवशोषण स्पेक्ट्रोमीटर

यह चित्र 17 में दिखलाया गया है। इसके निम्न मुख्य भाग होते हैं—

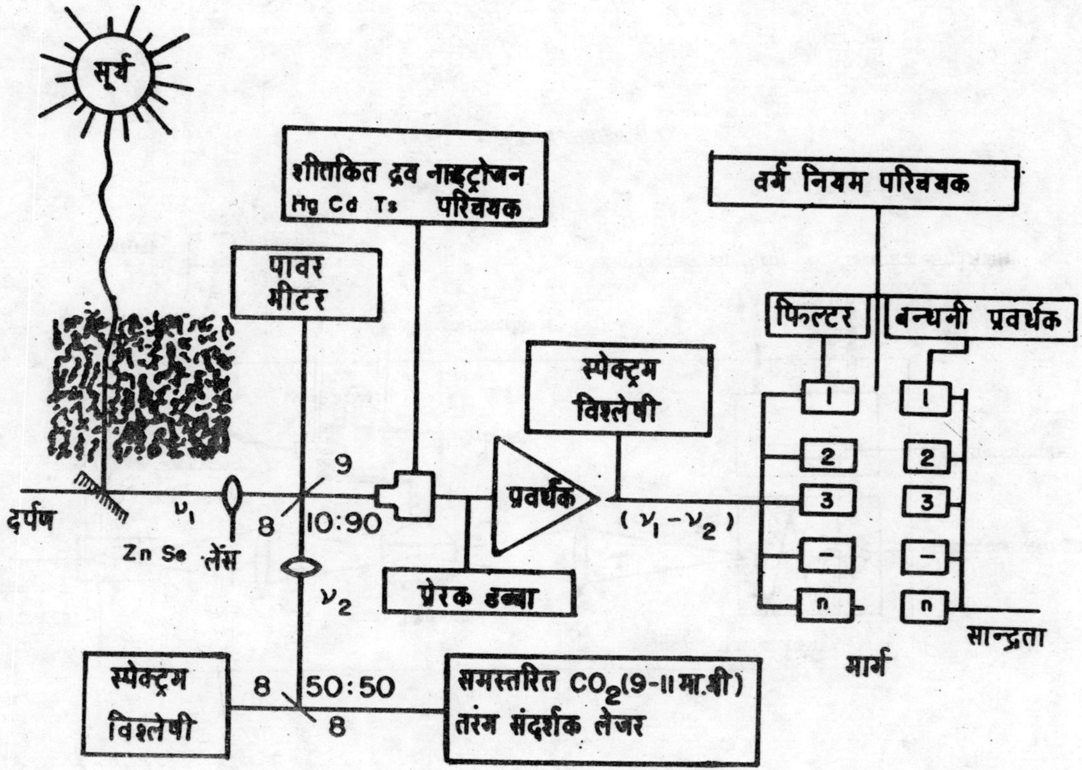

चित्र-16 : मोनोस्टेटिक सोडार (राष्ट्रीय भौतिकी प्रयोगशाला, नई दिल्ली)

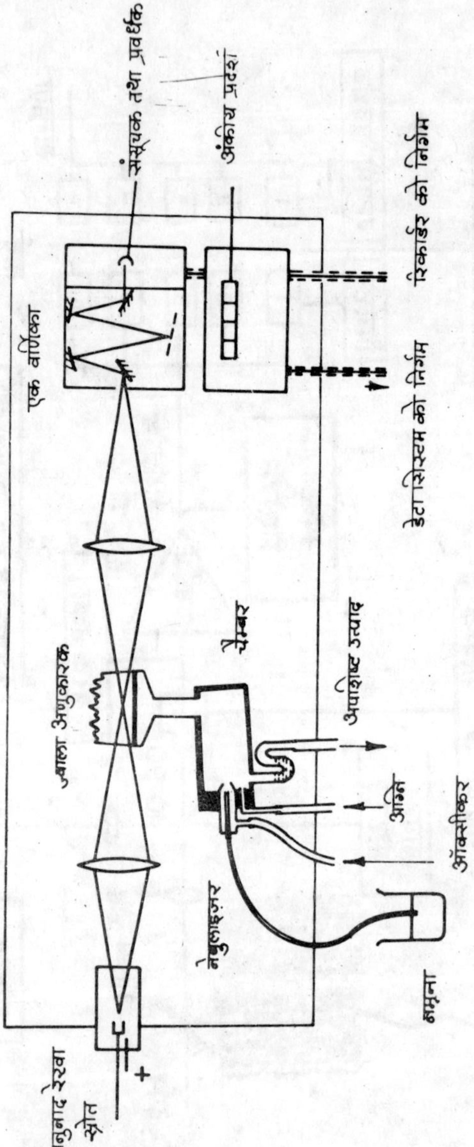

चित्र-17 : लेज़र हेटरोडाइन यंत्र

(1) प्रमुख विकिरण स्रोत।

(2) विकिरण को अणुकारक के केंद्र के पास पहले केंद्रित किया जाता है और उसके बाद एकवार्णीका (मोनोक्रोमेटर) के प्रवेश स्टिक के पास दुबारा केंद्रित किया जाता है।

(3) एकवार्णीका (मोनोक्रोमेटर), जिसमें एक ग्रेटिंग भी होती है।

(4) संसूचक।

इसका सिद्धांत स्वतंत्र अणुओं द्वारा विकिरण का अवशोषण है, जिससे तत्वों का विश्लेषण किया जाता है।

अध्याय 3

वायु-प्रदूषण एवं मौसम

बढ़ते हुए कल-कारखानों तथा वाहनों द्वारा प्रदूषण का प्रकोप व्यापक होता जा रहा है। कभी-कभी तो कुछ स्थानों पर यह महसूस होता है कि हम हवा नहीं, विष ले रहे हैं। हवा को विषैली बनाने के लिए प्रमुख प्रदूषकों में कार्बन मोनोऑक्साइड (CO), सल्फर डाइऑक्साइड (SO_2), नाइट्रिक ऑक्साइड (NO), नाइट्रोजन डाइऑक्साइड (NO_2), निलंबित धूल-कण, हाईड्रोकार्बन व धातुओं के अंश हैं। तालिका 4 में वाहनों द्वारा मुख्य प्रदूषक तथा उनके प्रभाव दिए गए हैं। इनसे विकसित हाईड्रोकार्बन का विघटन चार सिलिंडरवाले कार-इंजन में किस प्रकार होता है, यह तालिका 5 से स्पष्ट होता है। कल-कारखानों द्वारा वायुमंडल में छोड़ी गई विषाक्त गैसें सल्फर डाइऑक्साइड, नाइट्रोजन ऑक्साइड, जल-वाष्प, सूर्य-प्रकाश और वायुमंडलीय ऑक्सीजन से मिलकर सल्फ्यूरिक और नाइट्रिक एसिड बनाती हैं। इनके अतिरिक्त कभी-कभी हाईड्रोक्लोरिक अम्ल भी बनता है। इनके विषय में विस्तारपूर्वक चर्चा छठे अध्याय में की जाएगी। परंतु विषैले ऑक्साइडों के शुष्क रूप को औद्योगिक स्थानों पर जोखिम का अनुमान करने के लिए मॉडलों द्वारा किस प्रकार निकाला जाता है और मौसम उन्हें फैलाने में किस प्रकार सहयोग करता है या वे उससे प्रभावित होते हैं, इसकी चर्चा इस अध्याय में की जा रही है।

वायुगुणता : भारत में राष्ट्रीय पर्यावरणीय इंजीनियरिंग संस्थान (नीरी) नागपुर की क्षेत्रीय प्रयोगशालाएँ वायु-प्रदूषण का अध्ययन करने के लिए निम्नलिखित स्थानों पर कार्य कर रही हैं—

1. अहमदाबाद, 2. बंबई, 3. कलकत्ता, 4. कोचीन, 5. दिल्ली, 6. हैदराबाद, 7. जयपुर, 8. कानपुर, 9. मद्रास, 10. नागपुर।

तालिका 4

वाहनों द्वारा मुख्य प्रदूषक व उनके प्रभाव

वाहन	प्रदूषक	विषजन्य	प्रकाश रासायनिक स्माग	दृश्यता
दो और तीन	सीसा के यौगिक, CO	√	—	√
पहिएवाले एस	हाईड्रोकार्बन	—	√	√

आई^2 सिलिंडर इंजन				
कार, जीप,	CO	√		
टैक्सी	हाईड्रोकार्बन	—	√	√
	नाइट्रिक ऑक्साइड	√	√	√
	सीसा के यौगिक	√		√
ट्रक, बसें	CO	√	—	—
(डीजल इंजन)	हाईड्रोकार्बन	—	√	√
	नाइट्रिक ऑक्साइड	√	√	√
	धुआँ	√	—	√
	सल्फर डाइऑक्साइड	√	—	—

तालिका 5

चार सिलिंडरवाले कार-इंजन में हाईड्रोकार्बन का विघटन

नाम	प्रतिशत (भार)	नाम	प्रतिशत (भार)
मीथेन	7.0	एथीन	15.7
ईथेन	1.6	प्रोपीन	0.2
प्रोपेन	1.1	ब्यूटीन	0.7
एन ब्यूटेन	1.8	एथीन	10.9
आइसो ब्यूटेन	5.2	बेंजीन	12.7
एन पेंटेन	1.4	टोलुइन	18.9
2-मेथाइल पेंटेन	1.1	जाइलीन	8.5
3-मेथाइल पेंटेन	0.8	एंथाइल बेंजीन	2.1
एन हेक्सेन	1.0	ट्राई मेथाइल बेंजीन	4.0
2- मेथाइल हेक्सेन	0.7	एसिटल डिहाइड	0.7
3-एथाइल पेंटेन	0.6	एसिटोनाइट्राइल	1.3
एन हेप्टेन	0.4	एसीटोन	0.9
1,1 डाई मेथाइल हेक्सेन	0.3		

भारत के प्रमुख नगरों की वायु-प्रदूषण अवस्था इस प्रकार पाई गई—

	बंबई	कलकत्ता	दिल्ली
[1] सल्फर डाइऑक्साइड (माइक्रोग्राम प्रति घनमीटर वायु)	43	48	50
[2] कणिका (एस पी एम) (माइक्रोग्राम प्रति घनमीटर वायु)	242	462	535

विश्व स्वास्थ्य संगठन/अंतर्राष्ट्रीय पर्यावरण प्रदूषण प्रोग्राम के अनुसार 1973 से वायुगुणता मापी जा रही है। तालिका 6 में विश्व के प्रमुख शहरों में वायु-कणिका (एस.पी.एम.) दी गई है। इसके अनुसार सल्फर डाइऑक्साइड व क़णिका की मात्रा 1973 से 1980 के बीच या तो स्थिर रही है या कुछ घटी है। एक नगर से दूसरे नगर में इन प्रदूषकों के सह-संबंध एक वर्ष से दूसरे वर्ष में यादृच्छिक हैं। भारत में सल्फर डाइऑक्साइड की मात्रा के घटने के अभी निश्चित परिणाम नहीं मिले हैं।

अमेरिका में वायु-प्रदूषकों के मानक तालिका 7 में दिए गए हैं।

भारतीय पेट्रोलियम संस्थान ने दिल्ली, बंबई, कलकत्ता, मद्रास और बंगलूर में 1983-84 में वाहनों के उत्सर्जनों का अध्ययन करके पता लगाया कि इनसे कार्बन मोनोऑक्साइड व HC की मात्रा क्रमशः 2,10,000 तथा 82,000 टन प्रतिवर्ष थी, जो 2000-2001 तक 200 प्रतिशत तथा 257 प्रतिशत बढ़ने की संभावना है। विभिन्न प्रकार के वाहनों की उत्पादन संख्या क्रमशः 1985, 1986 व 1987 में 15,13,691, 17,27,001 तथा 2,11,11,524 पाई गई, जिनमें डीज़ल का प्रयोग गैसोलीन की अपेक्षा आठ गुना था। कुल गैसोलीन का लगभग 60 प्रतिशत दो और तीन पहियोंवाले स्कूटरों में होता है। भारत में इन वाहनों से कार्बन डाइऑक्साइड की मात्रा का पता नहीं लगता है, परंतु उसकी अधिकतम मात्रा 1988-89 में 134 मीट्रिक टन आँकी गई है जो 1999-2000 में 274 मीट्रिक टन पहुँच सकती है। विभिन्न देशों में सल्फर डाइऑक्साइड के मानक तालिका 8 में दिए गए हैं।

तालिका 6

विश्व के प्रमुख नगरों में वायुकणिका

	नगर		काल	धुआँ	एसपीएम (मा.प्र. घन मीटर)
1.	कोपेनहेगन	(अ)	1977-1980	17	32
	(डेन्मार्क)	(ब)	1976-1980	211	329
2.	तेहरान		1976-1980	233	442
	(ईरान)		1978	—	246
3.	मनीला		1979	—	279
	(फिलिपीन)		1980	—	122
4.	मेल्बार्न		1979	—	65
	(आस्ट्रेलिया)				
5.	टोकियो		1978-1979	—	140
	(जापान)				

तालिका 7

वायु-प्रदूषक मानक (संयुक्त राज्य अमेरिका)

प्रदूषक	प्रदूषक भार, प्रति घन मीटर, वायु
कार्बन मोनो-ऑक्साइड	10 मि. ग्राम सांद्रता, 8 घंटे में
सल्फर डाइऑक्साइड	80 माइक्रोग्राम, 24 घंटे में
हाइड्रोकार्बन कंपाउंड	125 माइक्रोग्राम, अधिकतम 3 घंटे की सांद्रता
नाइट्रोजन ऑक्साइड	100 माइक्रोग्राम 250 माइक्रोग्राम, अधिकतम 24 घंटे की सांद्रता
प्रकाश रासायनिक ऑक्सीडेट	125 माइक्रोग्राम, अधिकतम एक घंटे की सांद्रता
कणिका	75 माइक्रोग्राम व 260 माइक्रोग्राम, अधिकतम 24 घंटे की सांद्रता

लंदन में सल्फर डाइऑक्साइड की सांद्रता धुएँ की अपेक्षा अधिक रहती है। इसकी मात्रा शहरी, ग्रामीण, औद्योगिक या व्यापारिक क्षेत्रों के अनुसार बदलती रहती है। एक सर्वेक्षण के अनुसार दिल्ली में 50 से 55 प्रतिशत वाहनों के उत्सर्जनों से और प्रायः 48 प्रतिशत औद्योगिक उत्सर्जनों से प्रदूषण होता है। इंद्रप्रस्थ, नई दिल्ली के तापीय ऊर्जा स्टेशन से सल्फर डाइऑक्साइड की मात्रा नियंत्रित सीमा में है, परंतु कणिका अधिक पाए जाते हैं। इंग्लैंड की व्यस्त सड़कों पर दिन में सल्फर डाइऑक्साइड का औसत मान 50 माइक्रोग्राम प्रति घन मीटर (मोटरगाड़ियों द्वारा) पाया गया है।

भारत में वायुगुणता के मापदंड इस प्रकार हैं—

(1) सल्फर डाइऑक्साइड : 80 माइक्रोग्राम प्रति घन मीटर (औसत)।

(2) एस पी एम (कणिका) : 50 मी. ग्रा. प्रति घन मीटर (24 घंटों में)।

(3) सल्फेशन गति : 0.5 मि.ग्रा. SO_3 प्रति 100 सें. मी. वर्ग प्रति दिन।

(4) धूल उतार : 10 एम टी/कि.मी. वर्ग प्रति माह।

तापीय ऊर्जा के उपकरणों में जहाँ जीवाश्म ईंधन जलता है, उसमें 95 प्रतिशत नाइट्रोजन मोनोऑक्साइड तथा 5 प्रतिशत से कम नाइट्रोजन डाइऑक्साइड होती है। चिमनी से निकलने के बाद यह ऑक्सीकरण द्वारा NO_2 में बदल जाती है जो NO की अपेक्षा 20 गुना अधिक विषाक्त होती है। अतः इसकी सांद्रता का स्वास्थ्य के लिए अध्ययन करना भी आवश्यक है। NO_2 बदलकर पेरोक्सी एसिटिल नाइट्रेट (पी,ए एन) और नाइट्रिक अम्ल में बदलकर श्वास लेने की क्रिया में बाधक होते हैं।

तालिका 8
सल्फर डाइऑक्साइड के मानक

देश	माइक्रोग्राम प्रति घन मी.	औसत समय (घंटे)
बेल्जियम	150	24
बुलगेरिया	50	24
कैनाडा		
(1) अल्बर्टा	150	24
(2) न्यूफाउंडलैंड	290	24
(3) ओन्टेरियो	290	24
चेकोस्लोवाकिया	150	24
पूर्वी जर्मनी	150	24
फिनलैंड	250	24
फ्रांस (पेरिस)	75	24
इटली	380	24
नीदरलैंड	125	24
पोलैंड	75	24
रूमानिया	250	24
स्वीडन	250	24
स्विट्ज़रलैंड	75	24
टर्की	150	24
यू एस ए		
(1) कोलोरेडो	260	24
(2) मिसौरी	120	24
रूस	150	24

आजकल चलते-फिरते वाहनों में विशेष प्रकार के उपकरणों द्वारा प्रदूषकों के अध्ययन में विशेष सहायता मिली है। यद्यपि भारत में इनका उपयोग अभी सीमित है, परन्तु केंद्रीय व राज्यों के प्रदूषण बोर्ड वायुगुणता को बनाए रखने में प्रमुख योगदान दे रहे हैं।

नाइट्रिक ऑक्साइड

दहन-क्रिया से नाइट्रोजन के ऑक्साइड (NO_x) अधिकतर (95 प्रतिशत) नाइट्रस ऑक्साइड के रूप में पाए जाते हैं, जो रासायनिक क्रियाओं द्वारा नाइट्रिक ऑक्साइड में बदल जाता है। NO व NO_2 का आपेक्षिक अनुपात ओज़ोन (O_3) की सांद्रता को

तालिका 9

NO_2 की पृथ्वी तल पर गाउशियन मॉडल द्वारा सांद्रता

(मौसम व उत्सर्जन आँकड़े)

उड़ान	तारीख	ईंधन	लोड (मे.वा.)	ऊँचाई (मीटर)	NO_x कि.ग्रा प्रति घंटा	O_3 भाग प्रति 10^{12}	पवन गति मी. प्र. सै	A	α^{-1} (कि.मी.)
1.	8.6. 1976	गैस	500	325	400	125	8	0.93	0.65
2.	20-3-1978	गैस	572	385	400	30	6	0.80	0.10
3.	24-10-1978	गैस	510	265	400	30	20	0.80	0.25

उड़ान	पास्किल स्थिरता	6y (मीटर)	6z (मीटर)
1.	A	$1.06x^{0.86}$	$0.28x^{0.90}$
2.	D	$0.26x^{0.90}$	$0.20x^{0.76}$
3.	D	$0.26x^{0.90}$	$0.20x^{0.76}$

वायुमंडलीय रासायनिक क्रिया द्वारा प्रभावित करता है। NO_2 एक रंगहीन गैस होती है, जिससे दृश्यता कम हो जाती है और जो कम सांद्रता में भी हमारे स्वास्थ्य, पेड़ों व धातुओं को हानि पहुँचाती है।

$NO + O_3 \rightarrow NO_2 + O_2$

सूर्य के प्रकाश में

$NO_2 + h\nu \rightarrow NO + O$

(फोटान)

तथा $O + O_2 + M \rightarrow O_3 + M$

नगरीय वायु प्रदूषण मॉडलों का प्रयोग टोकियो के पास की भीड़ भरी सड़क पर NO_2 की सांद्रता का अनुमान करने के लिए किया गया है। डच के ऊर्जा प्लांट में 1975 से 1985 तक हवा-मानों द्वारा, NO की ऑक्सीकरण क्रिया इस प्रकार पाई गई—

$$\frac{NO}{NO_r} = A[1—\exp(-2r)]$$

r = स्रोत से दूरी। A व d स्थिरांक हैं। गाउशियन मॉडल से NO_2 की सांद्रता निकाल लेते हैं (तालिका 9)।

मौसम एवं प्रदूषण

वायुमंडलीय स्थिरता का प्रदूषकों के वितरण में प्रमुख योग रहता है। यह वायुमंडल की वह दशा है, जिसमें वायु की ऊर्ध्वाधर गति या तो बिलकुल नहीं होती है या कुछ ऊँचाई पर अवरुद्ध हो जाती है। वायुमंडल की अस्थिरता की दशा में भूमितल से काफी ऊँचाई तक वायुराशियों की गति सुगमता से होती रहती है। इस दशा में नमी भी काफी ऊँचाई तक ऊर्ध्व धाराओं द्वारा उठने में सहायक होती है, जो संघनित होकर बादलों में बदल जाती है और वर्षा कर सकती है।

वायुमंडल में साधारणतया वायुराशि में ह्रास-दर 6.5° से/कि.मी. रहती है। परंतु असंतृप्त वायु में इसका मान V_d = 9.8° से/कि.मी. रहता है। यदि वायुमंडल की वास्तविक ह्रास-दर V हो और उठती हुई वायुराशि-दर V_d हो तो वायुमंडल $V < V_d$ की अवस्था में स्थायी होगा तथा $V > V_d$ की अवस्था में अस्थायी होगा। $V = V_d$ की अवस्था में वायुमंडल उदासीन होगा। इसके विपरीत संतृप्त वायुमंडल में ह्रास-दर Vs हो तो V < Vs की दशा में स्थायी होगा। शीत काल में जब वायुमंडल की निचली परतों में व्युत्क्रमण होता है तो V का मान ऋणात्मक होता है, परंतु हवा चलने से यह पृथ्वी से कुछ ऊपर उठ जाता है। प्रदूषकों का वितरण भी इस दशा में रुक जाता है, जैसा 1952 के लंदन के स्मोग (धुआँ और कुहरा) हादसे में हुआ, जिससे 4000 से अधिक व्यक्तियों की मृत्यु हो गई। प्रदूषकों के सुदूर स्थानों (100 से 2000 कि.मी.) पर पहुँचने तक

(जिससे अम्लवर्षा या धूल एक सामाजिक समस्या बन जाती है), ऊर्ध्वाधर दिशा में क्षैतिज दिशा की अपेक्षा विसरण क्रिया अधिक महत्वपूर्ण है, क्योंकि ऊर्ध्वाधर दिशा में वायु अवरूपण (शियर) साधारणतया पाए जाते हैं। उच्चस्तरीय व्युत्क्रमण अवतलन प्रवाह के कारण उत्पन्न होते हैं, जिनका प्रदूषकों के वितरण में महत्वपूर्ण स्थान है।

वाताग्र तथा विभिन्न तापमानों की वायुराशियाँ जब किसी स्थान से गुजरती हैं, तो विशेष परिस्थितियों में व्युत्क्रमण उत्पन्न हो सकता है। उष्ण हवा के अभिवहन होने से व्युत्क्रमण प्रवाह के निचले भाग में तथा शीतल हवा के अभिवहन होने से प्रवाह के ऊपरी भाग में बन सकता है।

इसको ध्यान में रखकर हम समझ सकते हैं कि चिमनी से निकला हुआ धुआँ कब एक रेखा में चलता हुए हल्का होता जाएगा और कब शंकु की तरह फैल जाएगा। वायुमंडल की स्थिरता के अनुसार ही धुएँ का वितरण क्षैतिज व ऊर्ध्वाधर दिशा में होता है।

(1) *क्षैतिज (पार्श्व) तनुता :* वायुमापी यंत्रों (एनीमोग्राफ) द्वारा रिकार्डों से स्पष्ट होता है कि वायुगति तथा दिशा में क्षणिक आवृत्ति काल के छोटे-छोटे उच्चावचों के प्रवाह होते हैं, जिन्हें विक्षुब्ध प्रवाह कहते हैं। इस प्रकार का प्रवाह ताप और घर्षण से उत्पन्न हो सकता है, जिससे छोटे- छोटे भँवर या बुलबुले पैदा हो जाते हैं। स्थायी वायुमंडल में विक्षोभ का प्रभाव व्युत्क्रमण की ऊँचाई तक ही पहुँच पाता है, जिससे उसके ऊपर का प्रवाह समतल होने से चिमनी से निकला हुआ धुआँ क्षैतिज दिशा में ही फैलता जाता है। परंतु अस्थायी वायुमंडल में विक्षोभ काफी ऊँचाई तक पहुँचता है, जो ताप की ह्रास-दर तथा सतह के घर्षण पर निर्भर करता है।

विक्षुब्धता के कारण चिमनी का धुआँ उसके पास की वायु से मिलकर फैलने लगता है, जिससे यह हल्का होने लगता है। क्षैतिज दिशा में इसका प्रभाव शुरू के कुछ सौ किलोमीटर की दूरी तक हो सकता है, जब धुएँ के बादल का विस्तार सबसे अधिक होता है। उससे अधिक दूरी (1000-2000 कि.मी.) तक पहुँचाने में चक्रवाती तूफान, उच्चदाब प्रति चक्रवात बड़े माप पर क्षुब्धता का प्रमुख प्रभाव उत्पन्न करते हैं, जिससे धुएँ का बादल टेढ़ा-मेढ़ा होकर फैल जाता है।

(2) *ऊर्ध्वाधर तनुता :* ऊर्ध्वाधर क्षुब्धता का धुएँ के बादल में कितना प्रभाव होगा, यह पवन गति, मेघाच्छन्नता तथा सौर-विकिरण पर निर्भर करता है। पृथ्वी की सतह का तापमान बढ़ने से ऊर्ध्वाधर मिश्रण तथा तनुता बढ़ जाती है। चित्र 18 में सीमा तह को दिखलाया गया है, जहाँ तक विक्षुब्धता का प्रभाव पहुँचता है। इस तह की पृथ्वी की सतह से ऊँचाई को 'मिश्रण ऊँचाई' कहते हैं। इस परत में प्रदूषक बड़ी जल्दी ऊर्ध्वाधर में अच्छी तरह हवा में मिल जाते हैं। प्रदूषकों की सांद्रता 'मिश्रित ऊँचाई' से विलोम अनुपात में होती है, अर्थात यदि यह ऊँचाई अधिक हो तो अधिक वायु से मिलने पर प्रदूषक का प्रभाव जल्दी ही कम हो जाता है।

प्रदूषकों के दूरस्थ प्रभावों को चित्र 18 में दिखलाया गया है। यदि वाताग्र एक

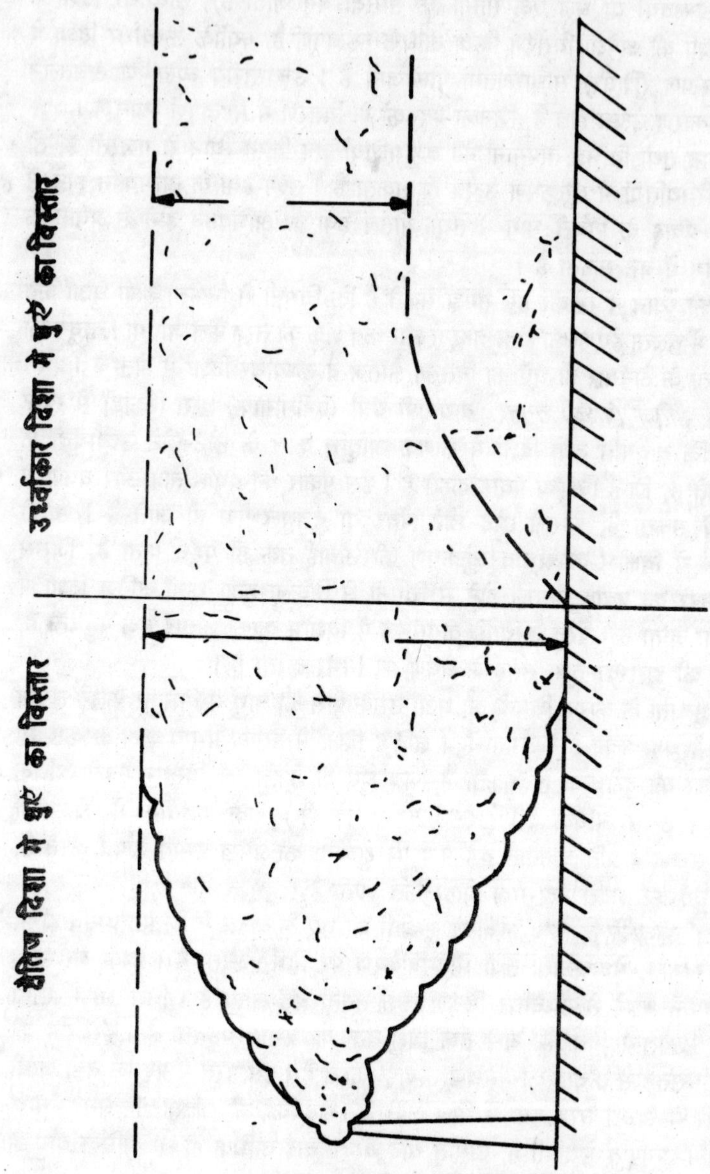

चित्र-18 : प्रदूषक की क्षैतिज एवं ऊर्ध्वाधर दिशा में परिवर्तन

ठंडी सतह के ऊपर से गुजरता है, तो वाहिनी (डक्ट) के प्रभाव में प्रदूषक बिना हल्के हुए बहुत दूर तक पहुँच जाते हैं, क्योंकि इसके नीचे की परत में विक्षुब्धता न होने से विसरण तथा जमाव में रुकावट हो जाती है। वायुमंडल में ऊर्ध्वाधर तापमान के दैनिक चक्र के कारण स्वच्छ आकाश में प्रदूषक क्षैतिज दिशा में जल्दी फैलते हैं।

प्रदूषक, वायुमंडल द्वारा मृदा (मिट्टी), जल तथा इमारतों आदि पर जमा हो जाते हैं। इस प्रकार प्रदूषकों के इकट्ठा होने से अम्ल-वर्षा के विषय में सहायता मिलती है। यह क्रियाएँ नम तथा शुष्क हो सकती हैं। 'शुष्क जमाव' वर्षा न होने से सतह पर विसरण तथा अवशोषण के द्वारा इकट्ठा होता है।

चित्र 19 में वायुमंडल की अवस्था (स्थिरता, अस्थिरता), चिमनी की ऊँचाई तथा धुएँ का प्रसार दिखलाया गया है।

(1) यदि वायुमंडल की ह्रास-दर का मान रुद्धोष्म ह्रास-दर से अधिक हो, तो चिमनी का धुआँ फैलता हुआ कुछ दूरी पर पहुँच जाता है और फिर पृथ्वी से परावर्तित होकर पुनः ऊपर उठ जाता है और तरंग की भाँति चिमनी से दूर जाकर हल्का होता जाता है।

(2) यदि वायुमंडल उदासीन हो अर्थात वायुमंडल की ह्रास-दर रुद्धोष्म ह्रास-दर के बराबर हो, तो धुआँ एक शंकु की तरह दूरी के साथ फैलकर हल्का होता जाएगा।

(3) यदि व्युत्क्रमण की ऊँचाई चिमनी से अधिक हो, तो धुआँ ऊर्ध्वाधर दिशा में न फैलकर व्युत्क्रमण तह के अंदर क्षैतिज दिशा में बहुत ही (कम) धीरे-धीरे फैलता है और पृथ्वी की सतह पर प्रदूषक की सांद्रता बहुत अधिक होती है।

इसी कारण शीतकाल में प्रातः या संध्या समय घरेलू आग का धुआँ फैलकर आँखों में चिनमिनाहट उत्पन्न करता है। दिन के समय या तो व्युत्क्रमण नष्ट हो जाता है, जिससे प्रदूषक जल्दी फैलकर कुछ देर बाद लगभग गायब हो जाते हैं या व्युत्क्रमण पृथ्वी की सतह से कुछ ऊपर उठकर प्रदूषक का प्रभाव कम कर देते हैं।

(4) यदि व्युत्क्रमण पृथ्वी की सतह पर स्थित हो, परंतु चिमनी की ऊँचाई उससे अधिक हो तो प्रदूषक या धुआँ व्युत्क्रमण के ऊपर स्वतंत्र रूप से शंकु की भाँति फैलता है। इस अवस्था में प्रदूषकों की सांद्रता पृथ्वी पर बिलकुल कम होने के कारण प्राणियों को हानि नहीं पहुँचाती। (चित्र 20)।

(5) यदि व्युत्क्रमण ऊँचाई तक स्थित है और उसके नीचे वायुमंडल अस्थिर या उदासीन है, तो धुएँ की ऊपरी तह चिमनी के शिखर पर क्षैतिज दिशा में फैलती जाएगी, परंतु निचला भाग फैलता हुआ कभी-कभी पृथ्वी की सतह से टकराकर हानिकारक प्रदूषक इकट्ठा कर देगा।

(6) यदि व्युत्क्रमण ऊँचाई पर हो पर नीचे का वायुमंडल उदासीन अवस्था में हो, तो धुएँ का ऊपरी भाग सीधी रेखा में फैलता जाता है और उसका नीचे का भाग कुछ दूर जाकर जमीन पर मिल जाता है।

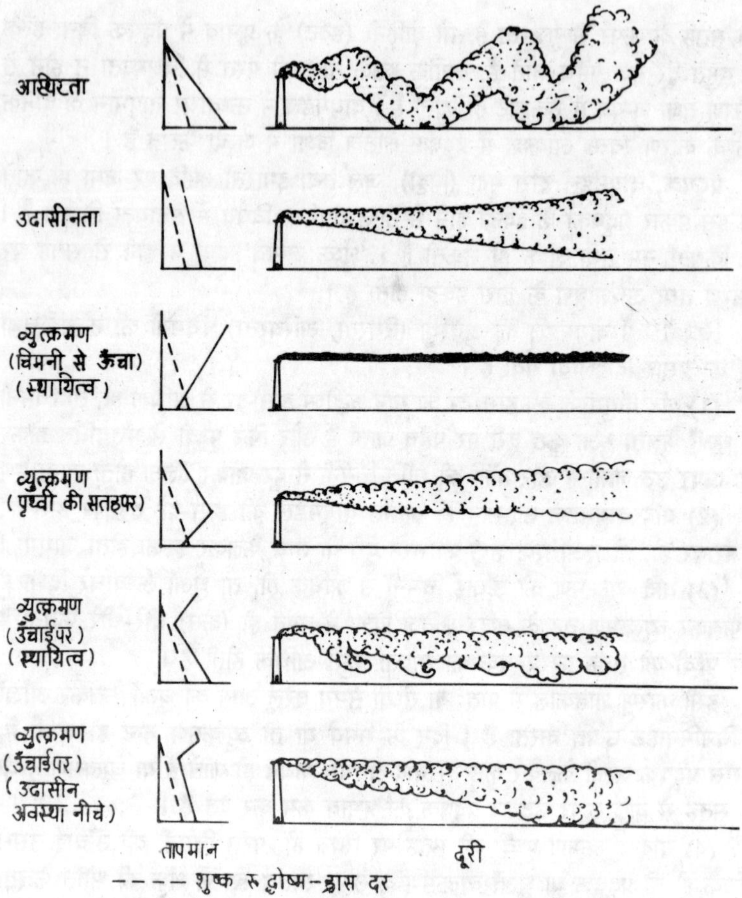

चित्र-19 : चिमनी से वायुमंडलीय स्थिरता के अनुसार धुएँ का विस्तार

संवातन गुणांक (वेंटिलेशन कोएफिशियंट)

यह गुणांक भी प्रदूषण का द्योतक है। इसे निकालने के लिए मिश्रित ऊँचाई निकालकर, उसमें औसत वायु-गति से गुणा करके जो गुणांक प्राप्त होता है, उसी को संवातन गुणांक कहते हैं। यदि इसका मान कम होता है तो प्रदूषण अधिक होता है। शीतकाल में इसका मान साधारणतया कम होता है तथा ग्रीष्म ऋतु में सबसे अधिक। बी. पद्मनाभ मूर्ति (1984) के अनुसार उत्तरी व पूर्वी भारत के मुख्यतः सभी स्थानों पर तथा पश्चिमी तट पर बंबई से कोचीन तक संवातन गुणांक कम पाया गया, जिससे यह निष्कर्ष निकलता है कि इन स्थानों में प्रदूषण-क्षमता सबसे अधिक है।

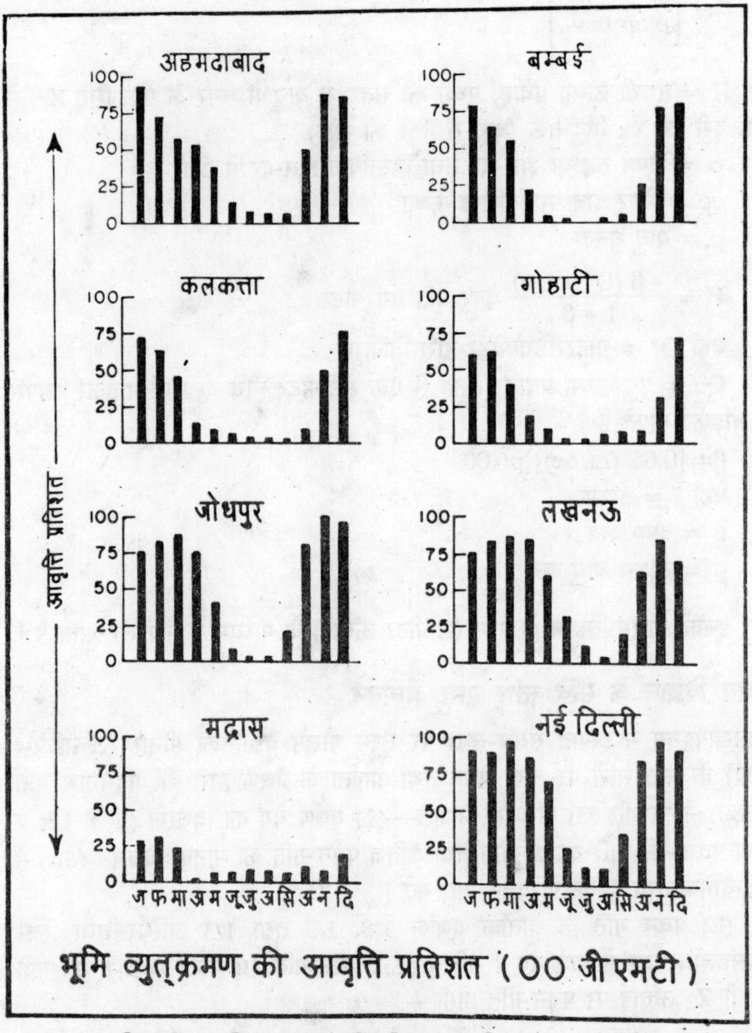

चित्र-20 : भूमि- व्युत्क्रमण की प्रतिशत आवृत्ति (प्रातः 5½ बजे)
(भारत मौसम विज्ञान विभाग)

मिश्रित गहराई (मिक्सिंग डेप्थ) h_k

यह रेडियो सौंदे द्वारा निकाली जा सकती है, परंतु लिडार व सोडार इसके लिए अधिक उपयोगी हैं। नगरीय क्षेत्र में इसकी गणना निम्नांकित समीकरण द्वारा की जा सकती है–

$$h_k = \left[\frac{2\,Hx_K}{\rho\, cp\, \alpha\, u_0}\right]^{1/2}$$

यह H = संचयी ऊष्मा प्रवाह, पृथ्वी की सतह से वायु में नगर के एक सिरे X_O से कुछ दूरी पर Xk बिंदु तक (वायु से नीचे की ओर)

α = शुष्क रुद्धोष्म ह्रास-दर तथा वास्तविक ह्रास-दर में अंतर

cp = स्थिर दाब पर विशिष्ट ऊष्मा

ρ = वायु घनत्व

$$H = \frac{-\beta\,(Q^* + Qc)}{1 + \beta}$$ वेबर प्रति वर्ग मीटर

यहाँ Q* = पाइररेडियोमीटर द्वारा विकिरण

Qc = मृदु ऊष्मा प्रवाह (सतह से एक सेंटीमीटर नीचे दो प्लेटें गाड़कर आपस में जोड़कर मापते हैं)

$\beta = [0.66\ (\Delta t/\Delta e)]\ p/100$

यहाँ t = तापमान

e = वाष्प दाब

p = स्टेशन वायु दाब

इनको मौसम विज्ञान के स्तंभ (Z मीटर ऊँचाई) के माध्यम से निकाला जाता है ।

मौसम विज्ञान के ऊँचे स्तंभ द्वारा अध्ययन

विशाखापट्टनम् में इस्पात संयंत्र-स्थल पर सूक्ष्म मौसम वैज्ञानिकी मीनार (ऊँचाई 64 मीटर) के सात स्तरों पर ताप, पवन तथा आर्द्रता के प्रेक्षण द्वारा बी. पद्मनाभ मूर्ति (1980) ने निम्नलिखित परिणाम निकाले—(1) घर्षण वेग का विचरण (U^x), Ux व माध्य पवन-गति ($\bar{\mu}$) का अनुपात तथा क्षैतिज पवन-गति का मानक विचलन ($6u$) में अर्द्ध-दैनिक तथा दैनिक परिवर्तन पाए गए ।

(2) पवन गति के घातांक गुणांक 1/8, 1/5 तथा 1/3 अस्थिर तथा स्थिर वायुमंडलीय दशा में पाए गए । यदि $U(Z_1)$ पवन-गति 10 मीटर ($=Z_1$) पर मापी गई तो Z_2 ऊँचाई पर पवन-गति होगी—

$$\frac{u\,(Z_2)}{u\,(Z_1)} = \left(\frac{Z_2}{Z_1}\right)^p$$

जहाँ p घातांक गुणांक है ।

(3) रिचर्डसन संख्या से $\frac{Z}{L}$ (जहाँ L मोनिन आबुखाव लंबाई है) का मान ऊँचाई के साथ बदलता है।

मौसम विज्ञान अनुसंधान संस्थान, सिक्यूबा, साइंस सिटी (नगर), जो टोकियो के 60 किलोमीटर उत्तर-पूर्वी दिशा में है, वहाँ 213 मीटर ऊँचे स्तंभ पर अधिक आयतन वायु प्रतिदर्शक द्वारा 1982 से 1984 तक एक मीटर तथा 175 मीटर ऊँचाई पर प्रेक्षण लेकर निम्नलिखित परिणाम निकाले गए—

1. हवा में तैरते हुए कणों की सांद्रता शीतकाल में अधिक रहती है और दूसरी ऋतुओं में कम। यह 175 मीटर ऊँचाई पर करीब-करीब समान रहती है, परंतु भूतल के पास उसमें परिवर्तन पाए जाते हैं, जोकि वायुमंडलीय स्थिरता के कारण बदलते हैं।

2. रासायनिक घटकों को तीन वर्गों में बाँटा गया है :

(क) क्लोराइड की सांद्रता शीतकाल में 100 मीटर से नीचे अधिक थी और दूसरी ऋतुओं में कम थी, परंतु 150 मीटर के ऊपर सभी ऋतुओं में अधिक थी।

(ख) $SO^2{}_4$, Fe, Mn, K व Ca की सांद्रता कुल तैरते कणों के समानुपाती थी तथा शीतकाल में पृथ्वी के निकट अधिक पाई गई।

(ग) NO_3^- की सांद्रता ग्रीष्म ऋतु में ऊर्ध्वाधर दिशा में करीब-करीब एक समान थी। शीतकाल व वसंत में यह अधिक और दूसरी ऋतुओं में कम पाई गई। इसकी सांद्रता ऊँचाई के साथ शीतकाल में कम होती गई।

3. मौसम तथा रासायनिक घटकों के संबंध का अध्ययन करने से पता लगा कि सिक्यूबा में क्लोराइड की उत्पत्ति का कारण शीत तथा ग्रीष्म ऋतु में अलग-अलग है। जाड़ों में स्थानीय दहन, प्लास्टिक द्वारा उत्पन्न अग्नि और कृषि से उत्पन्न होते हैं, परंतु गर्मी में इनका स्रोत समुद्री जल है। वहाँ पर नाइट्रेट का अधिकतर भाग टोकियो व उसके आसपास के औद्योगिक क्षेत्रों से सिक्यूबा पहुँच जाता है। स्थानीय प्रदूषण कार और औद्योगिक कृषि आदि से उत्पन्न होता है।

वायुगुणता अविलयन मॉडल

चिमनियों से निकले हुए प्रदूषकों पर वायुमंडल के प्रभाव का अध्ययन गणित द्वारा किया जाता है, जिसमें पवन-गति तथा क्षुब्धता, रासायनिक तथा भौतिक परिवर्तन, आदि के प्रभाव सम्मिलित हैं। वायुगुणता मॉडलों द्वारा प्रदूषकों की सांद्रता का समय और दूरी के साथ किस प्रकार परिवर्तन होता है, उसका पूर्वानुमान किया जा सकता है। यद्यपि यंत्रों द्वारा प्रदूषकों का माप करना अधिक उपयोगी है, परंतु इसमें काफी समय लगता है और पैसा भी अधिक खर्च होता है। अतः मॉडलों द्वारा यह कार्य आजकल प्रचलित हो गया है।

बी. पद्मनाभ मूर्ति और आर.एन. गुप्ता (1985) ने दिल्ली में सल्फर डाइऑक्साइड

की सांद्रता के परिवर्तन (समय व स्थान) का अध्ययन करने के लिए हन्ना (1971) मॉडल पर आधारित एक शहरी मॉडल का प्रयोग किया। तालिका 10 में मॉडल द्वारा सल्फर डाइऑक्साइड व नीरी द्वारा माप करके सांद्रता की तुलना की गई है।

तालिका 10

पृथ्वी (स्थान दिल्ली) पर सल्फर डाइऑक्साइड की 24 घंटे की सबसे अधिक मात्रा (माइक्रोग्राम प्रति घन मीटर)

ऋतु	स्थान	गाउस विसरण मॉडिल द्वारा गणना	नीरी द्वारा माप
ग्रीष्म	(1) नेताजी नगर	30	22
	(2) टाउन हॉल	200	66
	(3) मोती नगर	270	474
मानसून	(1) नेताजी नगर	15	13
	(2) टाउन हॉल	110	60
	(3) मोती नगर	250	83
मानसून के बाद	(1) नेताजी नगर	30	67
	(2) टाउन हॉल	260	130
	(3) मोती नगर	340	65
शीतकाल	(1) नेताजी नगर	20	30
	(2) टाउन हॉल	200	109
	(3) मोती नगर	290	135

(मौसम, 1984)

यद्यपि नेताजी नगर, टाउन हॉल व नजफगढ़ में कुछ समानता है, पर दोनों में काफी अंतर होने के कारण इस मॉडल में संशोधन करने की आवश्यकता है, जो बिंदु-स्रोतों के लिए स्थायी स्थित गैस विसरण समीकरण तथा क्षेत्रीय स्रोतों के लिए उसके समाकलन पर आधारित है।

एम.पी. सिंह, एच.घोष तथा ओ.पी. शर्मा (1987) ने सपाट भू-भाग पर एक उन्नत स्रोत द्वारा छोड़े गए प्रदूषकों के लिए एक वायुमंडलीय प्रक्षालवाहिका और परिवहन मॉडल द्वारा वर्षा की बूँदों से प्रदूषकों के अवशोषण की दर का परिकलन के सहारे पता लगाया। ज्ञात हुआ कि स्रोत से सौ किलोमीटर की दूरी तक वर्षा की बूँदों द्वारा प्रदूषकों को अवशोषित किया जा सकता है। यद्यपि इस मॉडल द्वारा प्रदूषकों की सांद्रता

गाउशियन प्रोफाइल से मिलती-जुलती थी, परंतु इसमें भी कुछ त्रुटियाँ होने के कारण संशोधन करने की आवश्यकता पाई गई।

वायुगुणता प्रबंध

वायुगुणता प्रबंध एक विस्तृत विषय है जिसमें मौसम वैज्ञानिक, रसायनज्ञ, इंजीनियर, समाजशास्त्री, अर्थशास्त्री, स्वास्थ्य-विशेषज्ञ, भू-उपयोग योजना-अधिकारी को मिल-जुलकर कार्य करना पड़ता है। इसके लिए हमें स्थानीय से लेकर महाद्वीपीय स्तर तक पृष्ठाधार प्रदूषण और उसमें वृद्धि (यदि पाई जाए) का समय-समय पर ज्ञान आवश्यक है। इसमें तीन प्रकार के स्रोत हो सकते हैं—

1. प्राकृतिक स्रोत, 2. आसपास के स्रोत, 3. अनभिज्ञेय स्रोत।

प्रदूषण-नियंत्रण के लिए उत्सर्जन की विशेषता, जैसे स्रोत की किस्म और उनकी उत्सर्जन-दर, ऊँचे स्रोतों के भौगोलिक वितरण का ज्ञान आवश्यक है, जिससे इनका मॉडलों में प्रयोग किया जा सके। किसी भी वायुगुणता की छानबीन का प्रमुख उद्देश्य मौसमी अवस्था के अनुकूल सबसे अधिक प्रदूषक की सांद्रता का पता लगाना होता है। ग्राहक बिंदु का स्थान तभी सही माना जाता है, जब माप गणना द्वारा प्रदूषकों की सांद्रता का सह-संबंध सबसे अधिक हो।

इसके लिए निम्नलिखित प्रकार के आँकड़ों की आवश्यकता होती है—

मौसम विज्ञान प्रेक्षण

(क) पवन गति व दिशा
(ख) तापमान
(ग) आर्द्रता
} विभिन्न ऊँचाई व अनेक स्थानों पर

(घ) विक्षुब्धता मापन

(ङ) मिश्रित गहराई—सोडार, मिनी सौंदे, काईटून द्वारा अथवा शीघ्र संवेदनात्मक तापमान मापक (थर्मामीटर)। यदि ऊँचाई अधिक हो तो वायुयान द्वारा तापमान मापा जाता है।

प्रदूषक सांद्रता वायुगति के विलोमी समानुपाती होता है। पवन तथा तापमान के ऊर्ध्वाधर परिवर्तन से विक्षुब्धता की दर का अनुमान लगता है, जिस पर प्रदूषकों का वितरण निर्भर करता है। इनका विक्षेपण वायुमंडलीय स्थिरता पर निर्भर करता है, जिसके लिए निम्नलिखित प्रेक्षण आवश्यक है—

(क) पवन गति, मेघाच्छन्नता व विकिरण, (ख) ह्रास- दर, (ग) पवन गति में अस्थिरता।

अतः पास्कुइल स्थिरता श्रेणी (तालिका 11) का मौसम के आँकड़ों द्वारा अनुमान करके विक्षेपण गुणांक की गणना की जाती है, जिनका मॉडलों में प्रयोग होता है।

तालिका 11

पास्कुइल स्थिरता श्रेणी

सतही वायुवेग	दिन के समय (सौर विकिरण पड़ने से)			रात्रि के समय	पतली तह
(10 मी. ऊँचाई)	तीव्र	मध्यम (इन्सोलेशन)	कुल	अवस्था मेघाच्छादित या 4/8 बादल	3/8 बादल घिरे हुए
2 से कम	A	A-B	B	—	—
2-3	A-B	B	C	E	F
3-5	B	B-C	C	D	E
5-6	C	C-D	D	D	D
6 से अधिक	C	D	D	D	D

नोट :			
	A	=	अत्यधिक अस्थायी
	B	=	मध्यम रूप से अस्थायी
	C	=	कुछ अस्थायी
	D	=	उदासीन
	E	=	कुछ स्थायी
	F	=	मध्यम रूप से स्थायी
	A-B	=	A और B का औसत
	B-C	=	B और C का औसत
	C-D	=	C और D का औसत
तीव्र इन्सोलेशन		=	सूर्य उन्नतांश 60° से अधिक
मध्यम इन्सोलेशन		=	स्वच्छ आकाश व सूर्य उन्नतांश 35° से 60° के बीच
कुछ इन्सोलेशन		=	सूर्य उन्नतांश 35° से कम

असमतलीय लंबाई (रफनेस लेंग्थ) Zo का मान 3 से 20 मीटर के बीच तीन ऊँचाइयों पर गणना करके निकाला जा सकता है, परंतु पवन गति के मापन में 5 प्रतिशत शुद्धता, 10 सैकेंड अनुक्रिया समय, 30 सैकेंड सैम्पिल का औसत समय जो एक घंटे तक लिया गया हो, उसे प्राथमिकता देनी चाहिए । अतः इसके लिए मौसम-विज्ञान के यंत्रों का ऊँचे स्तंभ में प्रयोग करके गणना करना आवश्यक है ।

यहाँ स्पष्ट करना आवश्यक है कि पास्कुइल स्थिरता श्रेणी रिचार्डसन संख्या पर निर्भर करती है । इसका मुख्य उपयोग वायुमंडलीय विक्षेपण में वायुगति व दिशा के साथ-साथ होता है ।

कुछ मॉडलों में एक नए प्राचल का प्रयोग किया जाता है, जिसे मोनिन ओबुखाव लंबाई 'L' द्वारा दर्शाया जाता है। यदि Zo तथा L का मान (जो रिचार्डसन संख्या से निकाला जा सकता है) ज्ञात हो, तो पास्कुइल प्रणाली (सिस्टम) में कौन-से 6_z (मानक विचलन, ऊँचाई के अनुसार) वक्र का प्रयोग किया जाए, यह स्पष्ट हो जाता है और इससे विक्षेपण होकर सांद्रता दूरी के अनुसार किस प्रकार बदलती है, यह गणना की जा सकती है। परिशिष्ट I में मोनिन ओबुखोव लंबाई L की गणना करने की विधि बतलाई गई है, जो 'K' मॉडल में अधिक उपयोगी है। यदि गाउशियन विस्थापन मॉडल का प्रयोग प्रदूषक सांद्रता के लिए किया जाता है, तब मानक विचलन (क्षैतिज दिशा में) 6_y भी वायुगति से निकालना पड़ता है। तालिका 12 में विभिन्न पास्कुइल स्थिरता के अनुसार 6_y व 6_z (मी.) की दूरी के अनुसार गणना की जा सकती है। चिमनी की प्रभावित ऊँचाई पर भी सांद्रता निर्भर करती है। जितनी अधिक ऊँचाई हो, उतना ही प्रदूषक का प्रभाव स्थानीय माप पर कम हो जाता है, परंतु अधिक ऊँचाई से उत्सर्जित प्रदूषक अधिक दूरी पर रूपांतकरण से सल्फेट आदि के कण की सांद्रता बढ़ा सकते हैं। बिंदु-स्रोतों के लिए 'प्रभावित ऊँचाई' एक सुग्राही घटक है, जिसका प्रभाव तीव्र ऊर्ध्वाधर विस्थापन में कम हो जाता है। दीर्घकालीन सांद्रता के पूर्वानुमान में निम्न कारणों से त्रुटियाँ हो सकती हैं—

(1) ऊर्ध्वाधर विस्थापन प्राचलों का चयन, (2) प्रदूषकों का अर्ध जीवन-काल (हाफ लाइफ), (3) पवन गति और (4) मिश्रित ऊँचाई।

इसके अतिरिक्त स्थानीय स्रोतों के प्रभावों का अध्ययन करने के लिए निम्नलिखित प्रेक्षणों का प्रबंध करना आवश्यक है, जिनके लिए विशेष साधन जुटाने पड़ते हैं—

(1) पवन गति व दिशा (10 मीटर ऊँचाई पर) का औसत मान प्रति घंटा।

(2) मानक विचलन (10 मीटर) 6 का औसत मान प्रति घंटा।

(3) भूतल से एक किलोमीटर ऊँचाई तक तापमान ढाल (ग्रेडियेंट) प्रति घंटा।

जैसाकि पहले अध्याय में बतलाया जा चुका है, प्रदूषकों को वायुमंडल से वर्षण, शुष्क जमाव, रासायनिक रूपांतकरण तथा रेडियोधर्मिता क्षय द्वारा हटाया जा सकता है। परंतु वे तेज हवाओं से पृथ्वी के ऊपर उठकर फिर से वायुमंडल में फैल सकते हैं। प्रदूषकों के रूपांतकरण व हटाने में निम्नलिखित बातों का ज्ञान आवश्यक है—

1. तापमान, 2. पवन गति, 3. क्षुब्धता, 4. आर्द्रता, 5. सौर-विकिरण, 6. वर्षा, 7. बूँदों के आकार का बटन, 8. हिम और मेघ आकारिकी, 9. स्रोत-विशिष्टता, जैसे ऊँचाई, प्लवनशीलता, आवास-काल।

प्रदूषण-नियंत्रण में वायुगुणता मॉडलों का प्रयोग करने के लिए निम्नलिखित उपायों की आवश्यकता है—

1. लघु काल (3 से 24 घंटे) तथा वार्षिक औसत सांद्रता की गणना के लिए मानक युक्तियों का विकास।

2. चिमनी की ऊँचाई व इसके स्थान को ध्यान में रखकर पुच्छ फैलाव की मानक युक्तियों का निर्धारण।

3. स्थिरता श्रेणी का समुचित चयन।

4. पृथ्वी की बनावट के लिए संशोधन।

5. मौसम विज्ञान डेटा जो मॉडलों में प्रयोग होते हैं, उनका गुण-नियंत्रण।

6. पुच्छ का फैलाव व प्रभावित चिमनी की ऊँचाई का निर्धारण।

7. इमारतों तथा छिद्रों आदि द्वारा पीछे की ओर से बहाव का अनुमान।

8. सांद्रता के अनुमान (वर्षा आदि से घुलकर या रूपांतर-क्रियाओं द्वारा)।

हवाई प्रदूषकों के परिवहन तथा विक्षेपण का अध्ययन करने के लिए नियंत्रण अधिकारी गाउशियन के पफ व पुच्छ मॉडलों का प्रयोग उनकी सरलता व आर्थिक दृष्टिकोण को ध्यान में रखकर करते हैं। परंतु इनमें निम्नलिखित कमी पाई जाती है—

(1) गाउशियन मॉडल यह मानते हैं कि क्षुब्धता, पवन-गति व पवन-दिशा में स्थिरता होती है।

(2) वे वायुमंडलीय रसायन क्रिया समझने में उपयोगी नहीं होते।

(3) विस्थापन प्राचल 6_y और 6_z के प्रयोग द्वारा 10 किलोमीटर स्रोत से दूरी के बाद निकालना कठिन है।

(4) औसत सांद्रता के लिए प्रदूषक हटानेवाली क्रियाओं (जैसे उनका घुलकर कम होना) को रेखीय मानना पड़ता है।

इसीलिए कभी-कभी K–विस्थापन मॉडल का प्रयोग किया जाता है।

वायुगुणता और जोखिम का अनुमान

किसी स्थान पर वायुगुणता का अध्ययन करने के लिए निम्नलिखित कदम उठाने चाहिए—

1. वायुगुणता को एक स्थान पर निरंतर आँकना।
2. वायु-प्रदूषक स्रोतों को कम करके वायुगुणता को खराब होने से रोकना।
3. स्थल उपयोग (लैंड-यूज) योजना।
4. चिमनियों आदि की ऊँचाई, प्रदूषकों का उत्सर्जन, तापमान आदि को इस प्रकार चुनना कि पृथ्वी की सतह पर सबसे कम सांद्रता हो।
5. सबसे खराब मौसम की दशा में प्रदूषण का पूर्वानुमान, जिससे वायु-प्रदूषकों को एकत्रित होने से रोका जा सके।

वायुगुणता को ऊँचे-नीचे पर्वतीय स्थानों पर समतल भूमि की अपेक्षा आँकना अधिक कठिन है, क्योंकि वायु के बहाव में परिवर्तन आने से वायु-प्रदूषकों के वितरण पर जटिल प्रभाव होते हैं। अतः उनका मॉडलों द्वारा अध्ययन करना कठिन कार्य है।

तालिका 12

ब्रिग्ज सूत्र (मानक विस्थापन σ_y व σ_z व स्थिरता)
[100 से 10,000 मीटर (X) दूरी तक]
1973

पास्कुइल स्थिरता श्रेणी	(1) खुले स्थानों पर	
	σ_y (मीटर)	σ_z (मीटर)
ए	$0.22X\ (1+.0001X)^{-1/2}$	$0.20X$
बी	$0.16X\ (1+.0001X)^{-1/2}$	$0.12X$
सी	$0.11X\ (1+.0001X)^{-1/2}$	$.08X\ (1+0.0002X)^{-1/2}$
डी	$0.08X\ (1+.0001X)^{-1/2}$	$.06X\ (1+0.0015X)^{-1/2}$
ई	$0.06X\ (1+.0001X)^{-1/2}$	$.03X\ (1+0.0003)^{-1/2}$
एफ	$0.04X\ (1+.0001X)^{-1/2}$	$0.16X\ (1+0.0003X)^{-1/2}$
	(2) नगरीय क्षेत्र	
ए-बी	$0.32X\ (1+.0004X)^{-1/2}$	$0.24X\ (1+.001X)^{-1/2}$
सी	$0.22X\ (1+.0004X)^{-1/2}$	$0.20X$
डी	$0.16X\ (1+.0004X)^{-1/2}$	$0.14X\ (1+.0003X)^{-1/2}$
ई-एफ	$0.11X\ (1+0.0004X)^{-1/2}$	$0.08X\ (1+.0015X)^{-1/2}$

नोट : पास्कुइल स्थिरता का प्रयोग सतही स्रोतों के लिए किया जाता है । अतः यदि स्रोत ऊँचाई पर हो तो कुछ संशोधन आवश्यक हैं ।

वायु-प्रदूषण-नियंत्रण

वायु- प्रदूषण को नियंत्रण में रखने के लिए निम्नलिखित नियम बनाए गए हैं—

(1) वायु-प्रदूषण की रोकथाम और नियंत्रण, नियम 1981 ।

(2) पर्यावरणीय संरक्षण नियम, 1986 ।

वाहनों द्वारा उत्पन्न उत्सर्जनों में कार्बन मोनोऑक्साइड आदि की बड़े नगरों में जाँच की जा रही है । निर्धारित सीमा से अधिक प्रदूषण होने पर जुर्माना किया जा सकता है ।

औद्योगिक प्रतिष्ठानों में गैसीय प्रदूषकों, जैसे सल्फर डाइऑक्साइड, हाईड्रोजन सल्फाइड, हाईड्रोकार्बन अमोनिया को दूर करने के लिए यंत्र लगाए जाते हैं । इलेक्ट्रोस्टेटिक प्रेसीपिटेटर द्वारा वायुमंडल में जाने से फ्लाईऐश को 99% रोका जा सकता है । विशेष यंत्रों द्वारा सल्फर के प्रदूषण को न केवल समाप्त कर दिया जाता है, बल्कि 99.5% शुद्धता की सल्फर निकल आती है ।

अध्याय 4

जल-प्रदूषण

पृथ्वी के संपूर्ण क्षेत्रफल पर लगभग 70 प्रतिशत जल मिलता है। आवश्यकता से अधिक खनिज-लवण, कार्बनिक तथा अकार्बनिक पदार्थ और अम्ल के विसर्जित किए जाने से जल निरंतर प्रदूषित होता जा रहा है। तीव्र औद्योगिक विकास एवं नगरीकरण के फलस्वरूप जल-प्रदूषण की समस्या गंभीर होती जा रही है। औद्योगिक कारखानों के गंदे अवशिष्ट पदार्थों को नदियों में फेंकने से जल में सल्फेट, नाइट्रेट एवं क्लोराइड की मात्रा बढ़ती है और ऑक्सीजन की मात्रा घट जाती है, जिससे जलीय जंतुओं एवं वनस्पतियों पर बुरा प्रभाव पड़ता है। भारत में गंगा, यमुना, गोमती आदि नदियाँ प्रदूषण की चपेट में आ चुकी हैं, जिनके जल को निर्मल करने के लिए भारत सरकार को काफी धनराशि व्यय करनी पड़ रही है। इंग्लैंड में हुई अम्ल-वर्षा से निकटवर्ती देशों, जैसे स्वीडन एवं नार्वे, की नदियों और झीलों में प्रदूषण के कारण मछलियों में बीमारियाँ फैल रही हैं। समुद्र भी जल-प्रदूषण के प्रभाव से अछूते नहीं हैं। निकट भविष्य में परमाणु रिएक्टर में आणविक प्रक्रियाओं के दौरान बने आणविक कचरे को समुद्र में फेंककर नष्ट करने पर भयंकर समस्या खड़ी हो सकती है।

जल-प्रदूषण का प्राणियों पर प्रभाव

(क) पारा, जो औद्योगिक उत्सर्जनों में पाया जाता है, मछलियों के लिए घातक है। मनुष्य को इससे मिनामाटा नामक रोग हो सकता है, जिससे होठों और हाथ-पैरों में चेतन-शून्यता, सुनने, देखने और वाक्-शक्ति में ह्रास तथा मेनिनजाइटिस आदि हो जाते हैं। (आनुवंशिक परिवर्तन)।

(ख) सीसा भी औद्योगिक उत्सर्जनों में गिना जाता है, जिससे पाचन-क्रिया पर दुष्प्रभाव पड़ता है। हीमोग्लोबिन की मात्रा घट जाती है। जिगर व गुर्दे की क्रियाएँ ठीक नहीं रहतीं। खून की कमी हो जाती है और मांस-पेशियाँ कमजोर हो जाती हैं।

(ग) कैडमियम भी औद्योगिक उत्सर्जनों में पाया जाता है। इससे मूत्रांगों में क्षति होती है और रक्तचाप बढ़ जाता है। दम घुटने लगता है।

(घ) जल की सतह पर फैला हुआ तेल कार्बन डाइऑक्साइड और ऑक्सीजन को पानी में घुलने से रोकता है, जिससे जीव-जंतु और फाइटोप्लेंक्टन की मृत्यु हो जाती है।

(ङ) रेडियोधर्मितावाले पदार्थों जैसे सीज़ियम-137, इसट्रांशियम-90,

आयोडिनम-131 से कैंसर, हड्डियों में क्षति, मानसिक विकास में रुकावट और मांस-पेशियों मे कमजोरी आ जाती है।

इसके अतिरिक्त नालियों के बदबूदार गंदे जल में कॉलरा, टाइफायड, पेचिस, टी.बी. आदि के कीटाणु मिले होते हैं जिनके कारण नदियों के पानी में ऑक्सीजन की कमी हो जाती है और विषैली गैसें उत्पन्न होने से मछलियों और अन्य जंतुओं की मृत्यु हो जाती है।

जलगुणता

भारत में जल की रोकथाम व नियंत्रण, केंद्रीय बोर्ड (सेंट्रल बोर्ड फॉर दि प्रिवेंशन एंड कंट्रोल ऑफ वाटर) ने निम्न प्रकार के जल को गुणतानुसार पाँच श्रेणियों में विभाजित किया है—

1. *ए श्रेणी जल (क्लास ए) :* पीने के पानी का स्रोत, जिसमें कीटाणुनाशक दवाओं का प्रयोग किया गया हो।

(क) कुल कोलीफार्म जैव (एम पी एम) प्रति 100 मिलीलीटर 50 से अधिक न हों।

(ख) पी एच का मान 6.5 से 8.5 के बीच हो।

(ग) घुली हुई ऑक्सीजन 6 मिलीग्राम प्रति लीटर या अधिक।

(घ) बी ओ डी 5 दिन 20 डिग्री सेंटीग्रेड 2 मिलीग्राम प्रति लीटर से अधिक न हो।

(ङ) घरेलू व औद्योगिक कूड़ा ए श्रेणी के जल में न गिराया जाए।

2. *बी श्रेणी जल (क्लास बी) :* बाहर नहानेवाले स्थानों में।

(क) एम पी एम प्रति 100 मिलीलीटर 500 से अधिक न हो।

(ख) पी एच 6.5 से 8.5 के बीच हो।

(ग) घुली हुई ऑक्सीजन 5 मिलीग्राम प्रति लीटर या अधिक।

(घ) बी ओ डी 3 मिलीग्राम प्रति लीटर या कम।

3. *सी श्रेणी जल (क्लास सी) :* पीनेवाले जल-स्रोत, जहाँ रीतिगत उपायों का प्रयोग कीटाणुनाशक दवाओं के साथ किया जाए।

(क) कुल कोलीफार्म जैव (एम पी एम) प्रति 100 मिलीलीटर 5,000 या कम।

(ख) पी एच 6 और 9 के बीच हो।

(ग) डी ओ 4 मिलीग्राम प्रति लीटर या अधिक।

(घ) बी ओ डी 3 मिलीग्राम प्रति लीटर या कम।

(ङ) सभी घरेलू या औद्योगिक क्षेत्रों से निकले हुए मलबे से भरे जल को मानक नियमों के अनुसार स्वच्छ करना चाहिए (क्लास सी पानी से मिलने से पहले)।

4. *डी श्रेणी जल (क्लास डी) :* वन्य जीवन, मछलियों के लिए।
(क) पी एच 6.5 से 8.5 के बीच हो।
(ख) डी ओ 4 मिलीग्राम प्रति लीटर।
(ग) स्वतंत्र अमोनिया (N), 1.2 मिलीग्राम या कम।

5. *ई श्रेणी जल (क्लास ई) :* सिंचाई, औद्योगिक शीतलन द्वारा नियंत्रित मलबा।
(क) पी एच 6.5 से 8.5 के बीच हो।
(ख) विद्युत संवहन 25° सेंटीग्रेड/यू मी/सेंमी अधिकाधिक 2250।
(ग) सोडियम शोषण अनुपात (अधिकाधिक)—16।
(घ) बोरान (अधिकाधिक)—2 मिलीग्राम प्रति लीटर।

इसके बाद ही भारत मानक संस्थान (ब्यूरो) ने आई एस 2296-1982 निर्दिष्टिकरण द्वारा पाँचों श्रेणियों के जल-प्रचालक क्रमशः 35, 13, 25, 8 और 10 निकाले हैं।

तालिका 13 में औद्योगिक मलबे को नदियों आदि में गिरने से पहले उनकी गुणता दी गई है।

गंगा की निर्मलता

जल-प्रदूषण को रोकने के उद्देश्य से ही भारत सरकार ने गंगा सफाई योजना के अंतर्गत 262 कार्यक्रम हाथ में लिए हैं। गंगा-जल की निर्मलता बनाए रखने के लिए गंगा के किनारे बसे शहरों और कारखानों से उत्पन्न प्रदूषण पर नियंत्रण के लिए उत्तरप्रदेश, बिहार और पश्चिमी बंगाल में व्यापक कार्यक्रम शुरू किए गए हैं। इसके अनुसार 27 निश्चित स्थानों पर, जहाँ 84 प्रतिशत प्रदूषण नदी में हो रहा है, पानी को स्वच्छ करने के कार्यक्रम बनाए गए हैं। इनमें से 27 प्रथम श्रेणी वाले नगर हैं, जिनकी आबादी एक लाख से अधिक है। जल के शुद्धिकरण के बाद इसका प्रयोग सिंचाई व मत्स्य-पालन आदि के लिए लाभदायक होगा।

तालिका 14 से स्पष्ट होता है कि कानपुर, इलाहाबाद, वाराणसी जैसे तीर्थ स्थानों के घाटों का जल पीने अथवा नहाने योग्य नहीं है। कुम्भ मेले (1981) में जल का विश्लेषण करने से भी स्पष्ट हुआ कि उस समय वह जल पीने व नहाने के लिए हानिकारक था। इस सर्वेक्षण में एम एन आर इंजीनियरिंग कालेज, इलाहाबाद का प्रमुख योगदान था। आजकल कुछ खास तरीकों और नीरी द्वारा यंत्रों के उपयोग से जल साफ किया जा रहा है। तालिका 15 में पीने योग्य जल में विरल धातुओं की मात्रा विश्व स्वास्थ्य संगठन द्वारा दी गई है।

नीरी द्वारा गंगा की जल-गुणता जाँचने के लिए हरिद्वार, गढ़मुक्तेश्वर, कानपुर, इलाहाबाद, वाराणसी, पटना, फरक्का और कलकत्ता में पानी के नमूनों का विश्लेषण पारा, कैडमियम, क्रोमियम, सीसा, डीडीटी, एलड्रीन, डाइएल्ड्रीन, हेप्टाक्लोर के अतिरिक्त

तालिका 13

औद्योगिक मलबे की सहिष्णुता-परिसीमा

भारत मानक निर्दिष्टिकरण (आइ एस 2490 भाग एक-1981)

नं.	गुणता	सहिष्णुता-परिसीमा
1.	रंग और बू	जहाँ तक संभव हो, इसको दूर करना चाहिए
2.	तैरते हुए ठोस पदार्थ (मि.ग्रा. प्रति ली.)	100
3.	तैरते हुए ठोस पदार्थों के कणों का आकार	850 माईक्रान आई. एस. जाली से निकल जाएँ
4.	घुले हुए ठोस पदार्थ (अकार्बनिक) (मिलीग्राम प्रति लीटर)	2100
5.	पी एच (pH)	5.5 से 9.0
6.	तापमान (डिग्री सेंटीग्रेड)	40 से अधिक नहीं; (15 मीटर की दूरी तक)
7.	तेल व ग्रीज (मिलीग्राम प्रति लीटर)	10
8.	कुल अवशिष्ट क्लोरीन (मिलीग्राम प्रति लीटर)	1
9.	अमोनिकल नाइट्रोजन (N की तरह) (मिलीग्राम प्रति लीटर)	50
10.	कुल खेजेलदाल्ह नाइट्रोजन (N की तरह) (मिलीग्राम प्रति लीटर)	100
11.	स्वतंत्र अमोनिया (अमोनिया) (मिलीग्राम प्रति लीटर)	5
12.	बी ओ डी (5 दिन 20 डिग्री सेंटीग्रेड)	30
13.	सी ओ डी (मिलीग्राम प्रति लीटर)	250
14.	आर्सेनिक (As) (मि.ग्रा. प्रति ली.)	0.2
15.	मरकरी (पारा, Hg) (मिलीग्राम प्रति लीटर)	0.01
16.	कैडमियम (Cd)	2
17.	क्रोमियम (Cr, वैलेंसी या संयोजकता 6)	0.1

18.	सीसा (Pb) (मिलीग्राम प्रति लीटर)	0.1
19.	कुल क्रोमियम (Cr) (मिलीग्राम प्रति लीटर)	2
20.	ताँबा (Cu) (मिलीग्राम प्रति लीटर)	3
21.	जिंक (Zn) (मिलीग्राम प्रति लीटर)	5
22.	सेलेनियम (Se) (मिलीग्राम प्रति लीटर)	0.05
23.	निकिल (Ni) (मिलीग्राम प्रति लीटर)	3
24.	बोरोन (B) (मिलीग्राम प्रति लीटर)	2
25.	सियनाइड (CN) (मिलीग्राम प्रति लीटर)	0.2
26.	क्लोराइड (Cl) (मिलीग्राम प्रति लीटर)	1000
27.	फ्लूराइड (F) (मिलीग्राम प्रति लीटर)	2.0
28.	घुले हुए फासफेट (P) (मिलीग्राम प्रति लीटर)	5
29.	सल्फेट (SO_4) (मिलीग्राम प्रति लीटर)	1000
30.	सल्फाइड (S) (मिलीग्राम प्रति लीटर)	2
31.	कीटनाशक	0
32.	फेनोलिक यौगिक (C_6H_5OH) (मिलीग्राम प्रति लीटर)	1
33.	रेडियोधर्मितावाले तत्व	
	(अ) अल्फा उत्सर्जन करनेवाले (माइक्रोक्यूरी प्रति मिलीलीटर)	10^{-7}
	(ब) बीटा उत्सर्जन करनेवाले (माइक्रोक्यूरी प्रति मिलीलीटर)	10^{-6}

तालिका 14
गंगा नदी के प्रमुख स्थानों में जलगुणता

स्थान	पी एच	बी ओ डी मि. ग्रा. प्र. ली.	डी. ओ. मि. ग्रा. प्र. ली.	एम पी एन प्रति 100 मि. ली.
(1) **कानपुर** (1980) :				
भैरों घाट	8.5	5.1	7.8	1×10^4
परमार घाट	7.9	44.8	2.8	2×10^7
सरसैया घाट	7.8	52.7	1.0	2.2×10^7
नानाराव घाट	8.2	9.4	7.1	3×10^5
डोहरी घाट	8.4	6.8	6.8	1.3×10^6
किशनपुर घाट	8.3	13.4	6.0	1.3×10^6
(2) **इलाहाबाद :**				
रसूलाबाद	8.3	7.9	8.0	22800
नाग बसुकी	8.2	6.4	7.4	17500
शियो कुटी	8.2	6.2	7.4	16400
संगम	8.3	6.9	7.6	24200
(3) **वाराणसी**	8.6	9.0	7.6	55000
अस्सी घाट	8.6	6.1	6.1	55000
भदैनी	8.5	6.0	7.9	55000
हरिश्चंद्र घाट	7.9	12.3	7.8	55000
दशाश्वमेध घाट	8.1	12.6	7.7	55000
जलेसन घाट	8.5	12.0	7.6	120000
त्रिलोचन घाट	7.9	12.0	7.6	120000
राजघाट	7.9	12.9	5.6	120000

पी एच, डी ओ, बी ओ डी, सल्फेट नाइट्रेट, क्लोराइड और फास्फेट आदि के लिए किया गया। सभी स्थानों पर पीने योग्य जल में पारा मानक से अधिक मात्रा में पाया गया। परंतु ग्रीष्म ऋतु में गढ़मुक्तेश्वर में, मानसून व उसके बाद कानपुर, वाराणसी में, अक्तूबर-नवंबर में इलाहाबाद में, शीतकाल में फरक्का और कलकत्ता में पारे की मात्रा अनुमति सीमा तक पाई गई। हरद्वार, पटना, फरक्का और कलकत्ता में मानसून

तालिका 15

पीने योग्य जल में विरल धातुओं की अधिकाधिक मात्रा (विश्व स्वास्थ्य संगठन, 1971)

तत्व	सीमा (मिलीग्राम प्रति लीटर)
पारा (Hg)	0.001
कैडमियम (Cd)	0.01
सेलेनियम (Se)	0.01
आर्सेनिक (As)	0.05
क्रोमियम (Cr)	0.05
ताँबा (Cu)	0.05
मैगनीज़ (Mn)	0.05
सीसा (Pb)	0.1
लोहा (Fe)	0.1
जिंक (Zn)	5.0

में कैडमियम अधिक मात्रा में पाया गया। कीटनाशक दवाइयों के प्रदूषण का प्रभाव सबसे अधिक शीतकाल में और सबसे कम ग्रीष्मकाल में पाया गया। जीवाणु संबंधी गुणता की दृष्टि से गंगा का जल नहाने योग्य भी नहीं पाया गया (नीरी-रिपोर्ट 1987-88)।

गंगा सफाई योजना के अंतर्गत ऋषिकेश के निकट स्वर्गाश्रम नामक तीर्थ स्थान में अवशिष्ट जलोपचार के लिए नीरी ने एक सस्ती प्रणाली द्वारा आश्रम के आसपास के बगीचों की सिंचाई के लिए जल का उपयोग करने के लिए संयंत्र के डिजाइन का नमूना तैयार किया है, जो उत्तरप्रदेश जल निगम प्रयोग करेगा।

गंगा सफाई योजना के अधीन लागू की गई परियोजनाओं के प्रभाव का मूल्यांकन और जन-स्वास्थ्य संबंधी अध्ययन करने का कार्य अखिल भारतीय स्वच्छता एवं जन-स्वास्थ्य संस्थान, कलकत्ता एवं नीरी को सौंपा गया। सर्वेक्षण के आधार पर जैव-आवर्धन और जैव-संचयन, जैव-भूरासायनिक चक्र तथा जल-गुणता मॉडल तैयार किए जा रहे हैं। इनसे गंगा सफाई योजना के लक्ष्य को पूरा करने में सहायता मिलेगी और जलगुणता-प्रबंध के भावी कार्यक्रमों के लिए सस्ते डिजाइन तैयार हो सकेंगे।

यमुना जल-परियोजना

यमुना नदी गंगा की मुख्य सहायक नदी है। गंगा और युमना के प्रदूषण में पारस्परिक संबंध है। इसके तट पर दिल्ली, गाजियाबाद, नोएडा, छाता, मथुरा, वृंदावन और आगरा

स्थित हैं, जहां यमुना के प्रदूषण को रोकने के लिए प्रयास आवश्यक हैं। इसकी सहायक नदियों में हिंडन, चंबल, सिंध, बेतवा और केन प्रमुख हैं।

जल-गुणता

प्रयोग के अनुसार यमुना की जल-गुणता निम्नलिखित श्रेणियों में विभाजित की जा सकती है—

(क) पीने योग्य और घरों में प्रयोग किया जानेवाला जल, जिसमें केवल कीटाणुनाशक दवाएं प्रयोग की जाएँ।

(ख) नदी में नहाने, तैरने और दूसरे खेलकूद।

(ग) म्यूनिसिपल वितरण का स्रोत, जिसे स्वच्छ करके प्रयोग किया जाए।

(घ) वन्य प्राणी, जानवरों व मछलियों के पालन हेतु।

(ङ) खेती, औद्योगिक शीतलन, जल-विद्युत उत्पन्न करना और नियंत्रित मलबा फेंकना।

जल के उपयोग के अनुसार यमुना के विभिन्न स्थानों पर जल की गुणता निम्नलिखित श्रेणी की पाई जाती है—

(1) ओखला (दिल्ली) व वृंदावन के बीच—डी और ई श्रेणी के बीच जल-गुणता पाई गई, जबकि सी श्रेणी होनी चाहिए।

(2) वृंदावन और मथुरा के बीच डी और ई श्रेणी जल-गुणता थी, परंतु वहाँ बी श्रेणी होनी चाहिए।

(3) मथुरा और आगरा के बीच जल-गुणता डी से ई के बीच थी, जबकि वहाँ सी श्रेणी पाई जानी चाहिए।

यमुना में जल-प्रदूषण के चार स्रोत हैं—

(क) खेती, (ख) उद्योग, (ग) पशुपालन, (घ) घरेलू और म्युनिसिपल प्रयोग।

प्रदूषण-भार

बी ओ डी आगरा में लगभग 45000, मथुरा में 12500, वृंदावन में 5000, छाता में 625, नोएडा में 5000 और गाजियाबाद में 20000 किलोग्राम प्रतिदिन म्यूनिसिपल के मलबे के कारण पाया जाता है। केंद्रीय प्रदूषण बोर्ड (1978) के अनुसार औद्योगिक कार्यों द्वारा प्रदूषण-भार 720 और 1525 किलोग्राम प्रतिदिन पाया गया। हिंडन नदी में (ओखला) यमुना की अपेक्षा कहीं अधिक प्रदूषण पाया जाता है। जल निगम, उत्तरप्रदेश ने यमुना के जल को प्रदूषण से मुक्त करने के लिए आठवीं पंचवर्षीय योजना के लिए एक विस्तृत योजना बनाई है।

जल-प्रदूषण की समस्या लगभग सभी देशों के सामने है। भारत को भी विभिन्न प्रदेशों में इस समस्या का सामना करना पड़ रहा है। कश्मीर स्थित डल झील में अत्यधिक

काई जमने से उसका जल अशुद्ध हो गया है, जिसे शुद्ध करने के निरंतर प्रयास किए जा रहे हैं। थेम्स नदी के जल के रासायनिक विश्लेषण के लिए बड़े पैमाने पर प्रोजेक्ट बनाए गए हैं। डेनमार्क के ज्युटलैंड में स्कर्न नदी की जलीय सांद्रता खेतों से बहे खाद मिले पानी से बहुत बढ़ जाती है, जिससे उसके डेल्टा में वनस्पति और जीवों को बहुत हानि पहुँची है। मछलियों की संख्या में भी एकदम कमी हो गई है। पिछले 20 वर्षों में नदी के सीधा बहने के साधन जुटाए गए थे, परंतु प्रदूषण बढ़ने के कारण डैनिश सरकार ने एक करोड़ पौंड की योजना बनाई है, जिससे नदी के प्रवाह को टेढ़ा-मेढ़ा करके भीगी जमीन के अन्य क्षेत्र पुराने जैसे बनाए जा सकें। अनुमान है कि भीगी जमीन जल से नाइट्रेट को छान देती है, जिससे प्रदूषण कम हो जाता है। दक्षिणी अफ्रीका की सबसे बड़ी समुद्री झील सेंट ल्युसिया के तल से टाइटेनियम और दूसरी भारी धातुओं को निकालने के लिए प्रोजेक्ट बनाए गए हैं।

जुलाई 1985 से जून 1987 तक राँची (बिहार) में स्वर्णरेखा नदी के जल का पाँच स्थानों पर (छोटा नागपुर के 80 किलोमीटर औद्योगिक क्षेत्रों में) रासायनिक विश्लेषण किया गया। जल का पी एच 7.0 से 8.5 के बीच था, जो आई एस 2296-1982 कोड के अनुसार सीमा में ही पाया गया। परंतु वह बी ओ डी, कुल तैरते हुए ठोस पदार्थ, क्लोराइड और सल्फेट की अधिक मात्रा होने से घरेलू उपयोग के लिए हानिकारक था (डी. के. सिंह व सी.पी. सिंह, 1990)। कुछ स्थानों के जल को तेल व चिकनाई की मात्रा को नियंत्रित करके ही घरेलू कार्यों और खेती के लिए प्रयोग किया जा सकता है।

हुसेन सागर जलाशय, हैदराबाद (1980-81) में जल के विश्लेषण से पता लगा कि औद्योगिक मलबे के कारण जल की गुणता प्रभावित हुई, जिसमें हाईड्रोजन सल्फाइड की गंध लगातार पाई गई। उससे मछलियाँ घटने लगीं। मद्रास में वाकिंघम नहर अत्यधिक प्रदूषित पाई गई (1982-83), जिससे रोगजनक कीटाणु पेय जल को प्रभावित कर सकते हैं। भारत में शराबखानों से निकले हुए कच्चे पदार्थ मलबे के रूप में जल को प्रदूषित करते हैं। प्रतिवर्ष 140 मद्यशालाओं से लगभग 900×10^6 लीटर शुद्ध स्पिरिट शीरा से बनती है, जिसके कारण बी ओ डी की मात्रा बढ़ जाती है। इस प्रकार के प्रदूषण को विद्युत रासायनिक ऑक्सीकरण द्वारा कम करके बी ओ डी की मात्रा को लगभग शून्य किया जा सकता है।

अंतर्भूमि जल के प्रदूषण की समस्या राजस्थान में रँगाई और छपाई के कारखानों द्वारा, उत्तरप्रदेश और मद्रास में चमड़े के कारखानों द्वारा तथा केरल में नारियल उद्योग के कारण गंभीर होती जा रही है। ऐसे तमाम प्रदूषक मिट्टी से रिसते हुए अंतर्भूमि जल में मिल जाते हैं।

चंडीगढ़ में घरेलू व औद्योगिक प्रदूषण से जल में बी ओ डी 19,623 किलोग्राम प्रतिदिन और कुल घुले हुए ठोस पदार्थ की मात्रा 20,021 किलोग्राम प्रतिदिन पाई गई (आर.के. सप्रू, 1990)। पुणे के पास बहनेवाली नहर के शुद्धीकरण के लिए जनता

द्वारा चंदा एकत्रित करके एक कार्य-योजना बनाई गई है। केंद्रीय बोर्ड जल-प्रदूषण (रोकथाम व नियंत्रण) द्वारा (1980-81) किए गए अध्ययन से यह पता चला है कि सभी औद्योगिक इकाइयों द्वारा जल-प्रदूषण नहीं होता।

नैनीताल, उदयपुर तथा श्रीनगर स्थित झीलें

विज्ञान तथा प्रौद्योगिकी विभाग की एक योजना के अनुसार उक्त शहरों की तीन झीलों की पर्यावरणीय समस्याओं का अध्ययन करके बी.के. दास (1990), पंजाब यूनिवर्सिटी, चंडीगढ़ ने निम्नलिखित परिणाम निकाले—

(1) फतेह सागर झील का जल मामूली-सा मटमैला था और उसका पी एच 8.4 से 9.1 तथा ई सी 0.73 से 1.53 के बीच था। डी ओ का मान 6 से 8 भाग प्रति 10 लाख पाया गया। जल स्वादरहित, गंधरहित तथा रंगहीन था।

(2) घुले कार्बनिक पदार्थ तथा PO_4, NO_3, SIO_2 की सांद्रता वर्षा ऋतु में बाढ़ के दौरान बढ़ जाती है, जिससे झील में एल्गी भी कम-ज्यादा होते रहते हैं। मार्च से जून में कुल एल्गी 16,093 सेल प्रति मिलीमीटर थे, जो वर्षा ऋतु (जुलाई से अक्टूबर) तथा शीतकाल (नवंबर से फरवरी) में घटकर 14,497 तथा 13,832 सेल प्रति मिलीमीटर रह जाते हैं।

झीलों और झरनों की अम्लता

पिछले दशकों में दक्षिण स्कॆंडिनेविया की कई झीलों की पी एच 0.5 से एक इकाई घट गई। 1950 से 1970 के बीच यूरोप में सल्फर डाइऑक्साइड और नाइट्रिक ऑक्साइड दुगुनी हो गई और उसके बाद उसमें कुछ ही वृद्धि हई, जिसके कारण पी एच का मान एक इकाई से कम होने की संभावना नहीं है। पी एच के घटने का कारण स्रवण क्षेत्र में अतिरिक्त अम्लता की प्रक्रिया हो सकता है अथवा मिट्टी में अम्लता के उदासीन करने की प्रक्रिया होने पर भी अम्लता-संग्रहण रोका नहीं जा सकता। इसके विपरीत क्यूम्ब्रिया की निष्क्रिय जीवशास्त्रीय झीलों में, जहाँ पथरीली चट्टानें और मिट्टी कम हैं और दक्षिण स्कॆंडिनेविया से मिलती-जुलती हैं, पिछले 50 वर्षों में अम्लता में कोई विशेष परिवर्तन नहीं पाए गए। इसी समय में 1930 से 1970 के बीच सल्फर डाइऑक्साइड की मात्रा दुगुनी हो गई और फिर 35 प्रतिशत कम हो गई। जीवशास्त्रीय सक्रिय झीलों में साँस की प्रक्रिया, प्रकाश-संश्लेषण और वनस्पति के सड़ने से पी एच में परिवर्तन हो सकते हैं।

दक्षिणी नार्वे में 1970 के शुरू में कई सौ झीलों में से 40 प्रतिशत में पी एच 5.5 से कम पाया गया और 16 प्रतिशत में पी एच का मान 5.0 से भी कम था। इन झीलों के अतिरिक्त अन्य एक हजार झीलों का पुनः सर्वेक्षण किया गया, क्योंकि पिछले 12 वर्षों में सल्फर डाइऑक्साइड की इंग्लैंड और स्वीडन में कमी हुई है। अधिक अम्ल संग्रहणवाली झीलों में सल्फेट की कमी पाई जाती है, परंतु नाइट्रेट्स में वृद्धि होती है,

जिससे औसत अम्लता में विशेष परिवर्तन नहीं होता। स्वीडन की आक्सजन झील में 1967 से 1977 के बीच सल्फेट की सांद्रता तीन गुनी हो गई, जबकि पी एच का मान 6.8 से घटकर 4.5 रह गया। 1977 के बाद यह बढ़कर 4.9 हो गया और सल्फेट की सांद्रता एक-तिहाई कम हो गई।

स्वीडन के दक्षिण-पश्चिम तटों की झीलों के पास वनरोपण, पथरीली चट्टानों और कम मिट्टी होने के कारण पी एच का मान 1950 के 6.5 से घटकर 4.5 रह गया है। दक्षिणी नार्वे की झीलों में भी पिछले दशकों में पी एच घट रहा है, परंतु पश्चिमी तट की एक झील में, जिसका पी एच 5 था, कोई परिवर्तन पिछले 200 वर्षों में नहीं मिला। औद्योगिक आंदोलन के कारण पी एच में कमी आने का कारण वायुमंडल से अम्लीकरण संग्रहण था, परंतु अम्ल संवेदनशील तत्वों की विस्तृत माप आवश्यक है।

मानवीय कार्यों के अतिरिक्त झीलों की स्वाभाविक प्रकृति इस प्रकार की प्रतीत होती है कि मिट्टी में प्राकृतिक अम्ल उत्पादन तंत्र के कारण समय के साथ अम्ल बढ़ता है और उदासीन करने की क्षमता में धीरे-धीरे कमी हो जाती है। सामान्यतः स्वाभाविक अम्लीकरण की यह प्रक्रिया धीरे-धीरे ही होती है, परंतु भूमि-उपयोग के अनुसार शीघ्र परिवर्तन हो सकता है। कुछ प्रमाणों से पता लगता है कि चंदवा वन लगाने से अम्लीकरण जल्दी हो सकता है। इससे यह स्पष्ट होता है कि अम्लीय उत्सर्जन व जमाव के कारण झील की रसायन-क्रिया में कुछ स्थानों पर जल्दी प्रभाव हो सकता है, परंतु जहाँ मिट्टी में सल्फेट अधिक एकत्रित हो जाता है, पुरानी अवस्था देर में वापस आ सकती है।

मछलियों पर प्रभाव

1930 से दक्षिण नार्वे, दक्षिण स्वीडन, इग्लैंड के कुछ भाग, ओंटेरियो और उत्तर-पूर्व संयुक्तराज्य अमेरिका की कई झीलों में मछलियों की कमी या कुछ विशेष प्रकार के जीवों का ह्रास होते देखा गया है। कुछ झीलों के पी एच एक इकाई से कम हो गए हैं और 4.5 से कम होने पर यह मछलियों के लिए, विशेषकर उनके प्रारंभिक जीवनकाल के लिए घातक हो जाता है। इसका कारण पानी की सतह पर अम्लता में वृद्धि माना जा सकता है। मछलियों तथा जलगुणता के ऐसे दीर्घकालीन रिकार्ड कुछ ही झीलों—स्केंडिनेविया व उत्तरी-पूर्वी अमेरिका—में प्राप्त होते हैं। चित्र 21 को देखने पर जल में कैलशियम की महत्ता का पता चलता है, जिसकी अधिक सांद्रता पी एच के प्रभाव को कम करती है। दक्षिण नार्वे की 700 झीलों की मछलियों की दशा व पानी की गुणता का अध्ययन करने से मछलियों व सल्फेट सांद्रता के बीच सीधे संबंध स्थापित करने में सफलता नहीं मिली है। इसका कारण है कैलशियम सांद्रता और झील के पी एच के प्रभाव का प्रमुख होना। अभी हाल में झीलों की तलछट और मिट्टी से प्राप्त एलम्यूनियम के घातक प्रभाव सिद्ध किए गए हैं। एलम्यूनियम की विषाक्तता पी,एच पर निर्भर करती है और घोल में कैलशियम के होने से प्रभाव को काफी हल्का

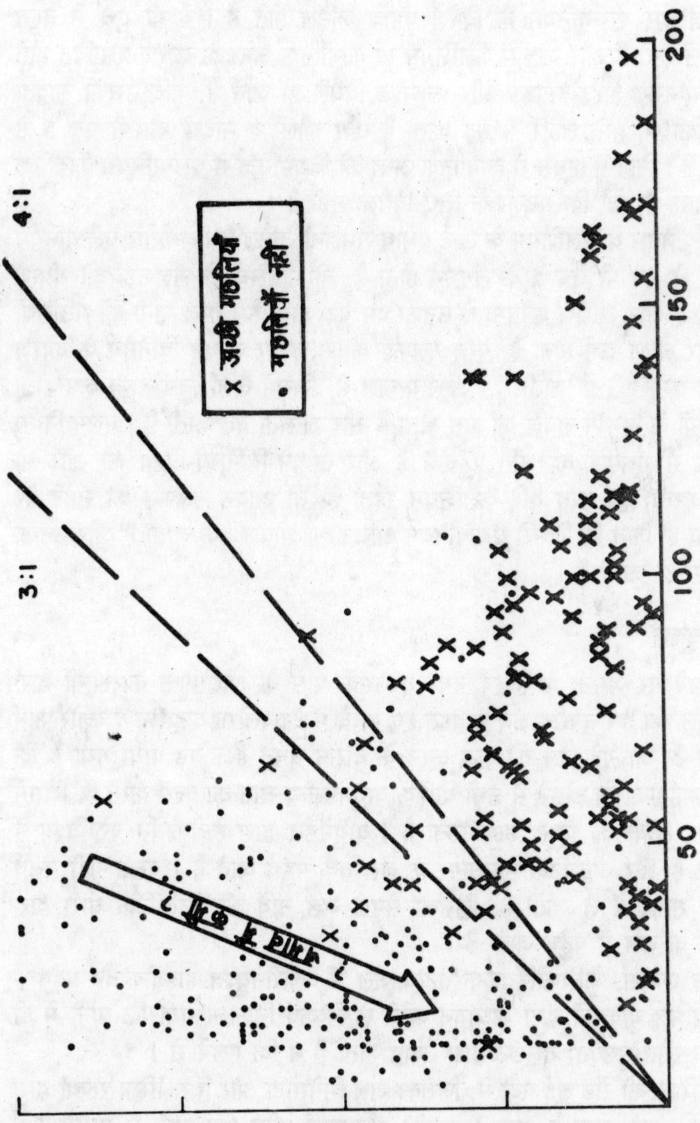

चित्र-21 : अम्लता और कैलशियम की मात्रा

ऊंचाई तक वायुदाब, तापमा

कर देती है।

मछली पर एलम्यूनियम के विषैले प्रभाव जटिल होते हैं। वे पी एच से बहुत संवेदनशील रहते हैं और जल में कैलशियम या कार्बोनिक अम्ल के कारण प्रभावित होते हैं। एलम्यूनियम हाईड्रोक्साइड और फ्लूराइड विषैले हो जाते हैं, यदि उसकी सांद्रता 100 माईक्रोग्राम प्रति लीटर से बढ़ जाती है और झीलों व नदियों का पी एच 5 से कम होता है। मिट्टी में ह्यूमस से कार्बोनिक अम्ल की विद्यमानता से एलम्यूनियम कार्बनिक पदार्थ बनाता है, जो कि मछली के लिए विषैला नहीं है।

एलम्यूनियम व कैलशियम के उल्टे प्रभाव समझना जटिल है। लगातार एलम्यूनियम के प्रभाव से जब पी एच 5 के लगभग होता है, तो मछलियों के गलफड़ों को भीषण क्षति होती है और अधिक श्लेषमा से उनका दम घुट जाता है। ताजे पानी की मछलियों से लगातार लवण कम होता है, परंतु गलफड़ की सतह पर आयन विनिमय के कारण लवण की कमी पूरी हो जाती है। अम्लीय जल से, जिसमें कैलशियम बहुत कम होता है, मछलियों के खून में लवण का ह्रास होता है और अम्लता बढ़ जाती है। एलम्यूनियम के शोषण से गलफड़ को क्षति पहुँचती है और आयन-विनिमय-क्रिया को और भी कमजोर करती है। परंतु यदि कैलशियम रहता है, तो आयन गलफड़ की सतह पर अवशोषित हो जाते हैं, जिससे एलम्यूनियम आयन का शोषण रुक जाता है और उनका प्रभाव कम हो जाता है।

तटीय प्रदूषण

एल्बी मुहाने पर जर्मनी के हैम्बर्ग नगर व उसके पास के औद्योगिक कारखानों द्वारा प्रदूषण फैल रहा है। नगरीय क्षेत्र से बहते हुए मलबे में टेट्राक्लोरोइथाइलीन व क्लोरोफार्म पाए ज़ाते हैं, जो गंदे जल को शुद्ध करने के दौरान बनते हैं। यह पाया गया है कि मुहाने में हाईड्रोकार्बन छोड़ने से सभी यौगिक वायुमंडलीय स्रोत का कार्य करते हैं, जिसमें वाष्पीकरण क्रिया का प्रमुख हाथ रहता है। वायुमंडल द्वारा हेलोकार्बन पूरे विश्व में फैल जाते हैं और आर्कटिक महासागर के जल तक पहुंच जाते हैं। एल्बी नदी मलबे को उत्तर सागर में ले जाती है, जिसका समुद्री जल नार्वे की एटलांटिक धारा द्वारा आर्कटिक के जल में पहुँच जाता है।

लॉस एंजेल्स, कैलिफोर्निया के तटीय जल में क्लोरीनयुक्त हाईड्रोकार्बन प्रदूषकों का दो विभिन्न युक्तियों द्वारा अध्ययन करने से निष्कर्ष निकाला गया कि पानी में डी डी टी का स्रोत मुख्यतः तलछट द्वारा उत्पन्न होता है न कि मलबे से।

अमेरिका की सेंट लुई नदी में, जिसका जल मिनेसोटा और विस्कोंसिन राज्यों द्वारा उपयोग में लाया जाता है, पारा (मरकरी) और डायोक्सीन पाए जाने से मछलियों में प्रदूषण व्याप्त हो गया। इन दोनों राज्यों में जनता के लिए निर्देश दिए गए कि खाने में मछली का उपयोग न किया जाए। यूरोपीय नदियों में नाइट्रोजन व फासफोरस की

मात्रा सामान्य से लगभग 45 गुना अधिक होने के कारण मछलियों के लिए हानिकारक होती है और इससे पीने योग्य जल प्राप्त करने का खर्चा भी बढ़ जाता है। स्विट्जरलैंड की 18 झीलों में अट्रेजीन की मात्रा अधिक पाई गई, जो कृषि से प्राप्त होते हैं। यह मिट्टी के द्वारा, पृथ्वी के जल द्वारा चश्मों में पहुँच जाते हैं।

संयुक्तराष्ट्र के पर्यावरण-संरक्षण ने चेतावनी दी है कि जनसंख्या वृद्धि और जलगुणता में खराबी होने से मानव के प्रयोग करने योग्य जल की मात्रा घटती जा रही है और विकासशील देशों में सन् 2000 तक लगभग आधी रह जाएगी।

जल प्रदूषण-नियंत्रण

जल की उपयोगिता को ध्यान में रखकर प्रदूषण की रोकथाम व नियंत्रण के लिए निम्नलिखित कानून बनाए गए हैं—

1. जल (प्रदूषण, रोकथाम व नियंत्रण) नियम-1974 : इसका उद्देश्य (थल, चश्मे, नदी, नाले आदि में) पानी के प्रदूषण की रोकथाम और उसकी शुद्धता बनाए रखना है। इसके साथ ही केन्द्र व राज्यों में बोर्ड स्थापित किए गए, जिससे यह कार्य सुचारु रूप से हो सके।
2. जल (प्रदूषण, रोकथाम व नियंत्रण) उपकर नियम-1977।
3. पर्यावरण (संरक्षण) नियम-1986।

इन नियमों के अनुसार कोई भी व्यक्ति जल को प्रदूषित नहीं कर सकता और न ही बोर्ड की अनुमति लिए बगैर गंदा पानी बाहर फेंक सकता है। इन नियमों को लागू करने के लिए सरकार को ठोस कदम उठाने पड़ते हैं, जिनमें केंद्रीय व राज्यों के बोर्ड प्रमुख योगदान देते हैं।

अध्याय 5

ध्वनि-प्रदूषण

विभिन्न प्रकार के प्रदूषणों में ध्वनि-प्रदूषण का महत्वपूर्ण स्थान है । यद्यपि ध्वनि-प्रदूषण भूमि, जल और वायु को प्रदूषित नहीं करता, परंतु इसका सीधा कुप्रभाव मानव-शरीर पर पड़ता है । फैक्टरियों में मनुष्य और स्वचालित यंत्रों द्वारा ध्वनि-प्रदूषण बढ़ता जा रहा है । जेट और दूसरे वायुयानों तथा बढ़ते हुए यातायात से शोरगुल बढ़ रहा है । घरों में भी रेफ्रीजरेटर, वातानुकूल एकक, वायुशीतक और कपड़े धोने की मशीनों द्वारा भी शोर उत्पन्न होता है ।

मनुष्य के कानों में सुगमतापूर्वक ध्वनि ग्रहण करने योग्य एक निश्चित सीमा होती है । इस निर्धारित सीमा को पार करने से मानव-शरीर पर जब प्रतिकूल प्रभाव पड़ने लगते हैं, तो उसे ध्वनि-प्रदूषण या शोर कहते हैं । अतः शोर वह ध्वनि है जो किसी व्यक्ति के सुनने के सामान्य स्तर में बाधा उत्पन्न करती है । साधारण भाषा में शोर को अप्रिय या अनचाही ध्वनि कहा जाता है ।

ध्वनि-तीव्रता-मापक्रम

ध्वनि-तीव्रता की मापन- इकाई को डेसीबल या डी.बी. कहा जाता है । यह लघु (लोगरेथिम) स्केल में मापी जाती है । इसे सर्वाधिक धीमी ध्वनि (जिसे मानव- कान सुन सकते हैं) को ध्यान में रखकर बनाया गया है । लघु स्केल से तात्पर्य यह है कि यदि ध्वनि 10 डेसीबल बढ़ती है तो तीव्रता दस गुना बढ़ जाती है । परंतु 20 डेसीबल बढ़ने से सौ गुना और 30 डेसीबल बढ़ने पर एक हजार गुना बढ़ेगी । शून्य डेसीबल वह ध्वनि है जिसे कानों से सुना नहीं जा सकता । सामान्यतया 25 डेसीबल तक को खामोशी, 26 से 65 डेसीबल तक को शांत, 66 से 75 डेसीबल तक की ध्वनि को साधारण शोर तथा 75 डेसीबल से अधिक ध्वनि को अत्यधिक शोर कहा जाता है । विश्व स्वास्थ्य संगठन ने 45 डेसीबल तक की ध्वनि को कर्णप्रिय एवं मानवीय स्वास्थ्य के लिए सर्वाधिक सुरक्षित माना है । ध्वनि-प्रदूषण को 65 डेसीबल से अधिक माना गया है । एक सौ डेसीबल की ध्वनि असह्य शोर की श्रेणी में आ जाती है ।

डेसीबल नापने के लिए शोर-मापन यंत्र बनाए गए हैं, जोकि एक सामान्य माइक्रोफोन ध्वनि को भी विद्युत-धारा में बदल कर रिकार्ड कर लेते हैं ।

ध्वनि-प्रदूषण के स्रोत

परस्पर बातचीत, मधुर संगीत, झरनों की कलकल व पक्षियों का चहचहाना हमें अक्सर अच्छा लगता है, परंतु व्यावहारिक जीवन में ऊँची आवाज शोर कहलाती है। आजकल ध्वनि-प्रदूषण नगरीय जीवन का एक अनिवार्य अंग बन गया है। धार्मिक व सामाजिक समारोह, जुलूस, जनसभा तथा सामूहिक कीर्तन आदि में लाउडस्पीकर भी शोर की मात्रा में वृद्धि करते हैं। तालिका 16 में विभिन्न प्रकार के ध्वनि-प्रदूषण के स्रोत व उनकी डेसीबल में माप दी गई है।

नगरीय और औद्योगिक क्षेत्रों में, सड़क और रेल-मार्गों पर शक्ति-चालित वाहन ध्वनि-प्रदूषण उत्पन्न करने के प्रमुख स्रोत हैं। इन वाहनों के चलने से उत्पन्न आवाज से ध्वनि-प्रदूषण होता है, साथ ही इन वाहनों द्वारा बजाए गए तेज हॉर्न ध्वनि-प्रदूषण की तीव्रता में और भी अधिक वृद्धि करते हैं। कुछ उद्योगों में स्वचालित मशीनों की तेज आवाज तथा अवकाश हेतु बजाए गए तेज एयर-सायरन ध्वनि-प्रदूषण उत्पन्न करते हैं। इनके अतिरिक्त बैंड-बाजों की आवाजें और दीपावली, नववर्ष आदि त्यौहारों पर पटाखे चलाने से विभिन्न तीव्रतावाला ध्वनि-प्रदूषण होता है। कल-कारखानों से उत्पन्न शोर से मुख्यतः उनमें काम करनेवाले मजदूर ही प्रभावित होते हैं। भवन एवं सड़क-निर्माण तथा अन्य कार्यों में प्रयुक्त मशीनों से उत्पन्न शोर का भी श्रमिकों के जीवन पर घातक प्रभाव पड़ता है। रेडियो, टेलीविजन, चलचित्रों, पॉप संगीत तथा परमाणु विस्फोटकों से उत्पन्न ध्वनि भी प्रदूषण के मुख्य स्रोत हैं।

तालिका 16

औसत शोर डेसीबल (ए)

(के.एम. मेथ्यू, मनोरमा इयरबुक 1988, केरल)

घटना	शोर-लेवल डेसीबल (ए)
साँस लेना	10
वृक्षों पर पवन	20
पेंडुलम घड़ी	30
रेडियो-संगीत	50-60
सामान्य यातायात	60-90
मोटरसाइकिल	90
भारी ट्रक परिवहन	90-100
तड़ित-झंझा	110
बीट संगीत (प्रवर्धन के बाद)	110-140
जेट इंजन (25 मीटर दूरी)	140
अंतरिक्षयान उड़ान (करीब से)	140-170

डेसीबल मापक्रम में एक भौतिकी मापक्रम बनाया गया, जिसमें मानव की सुग्राहिता 500 से 4000 हर्ट्ज आवृति में ध्वनि-घटकों का आपेक्षिक महत्व एक भारण युक्ति से करते हैं। इसे डेसीबल (ए) एकक कहते हैं। जेट विमानों में बोईंग-707 की उड़ान के समय ध्वनि 114 डेसीबल (ए), और उतरते समय 119 डेसीबल (ए) के लगभग होती है, जो क्रमशः घटकर बोईंग-747 के लिए 108 डी बी (ए) और 107 डी बी (ए) रह जाती है। लड़ाकू विमान कभी-कभी ध्वनि की गति से भी अधिक वेग से उड़कर खिड़कियों पर विस्फोटक ध्वनि उत्पन्न करते हैं, जिससे उनके शीशे टूट तक जाते हैं। युद्ध-क्षेत्र में तो गोला व बारूद के प्रयोग से शोर बहुत बढ़ जाता है। युद्ध करने के लिए टैंक आदि से होनेवाला शोर 88 से 112.5 डी बी (ए) तक पहुँच जाता है। पेरिस में मानसिक तनाव के 70 प्रतिशत मामलों के पीछे पेरिस हवाई अड्डे का शोर पाया गया।

खेती के लिए प्रयोग किए जानेवाले और फसल काटनेवाले विभिन्न यंत्रों के शोर की सीमा 90 डी बी (ए) तक होती है। पार्कों आदि में, जहाँ लोग शांत वातावरण के लिए जाते हैं, वहाँ भी कुछ लोग ट्रांजिस्टर और कैसेट-टेपरिकार्डर ले जाकर ध्वनि-प्रदूषण फैलाते हैं। यहाँ तक कि रात्रि में भी विभिन्न नगर-कालोनियों में धर्म-स्थानों पर होनेवाले गायन-वादन-कीर्तन या जागरण के कारण तो कुछ स्थानों पर कारों व दूसरे वाहनों के शोर से लोग चैन से सो भी नहीं पाते।

ध्वनि-प्रदूषण व स्वास्थ्य

स्वास्थ्य के लिए शोर अभिशाप है। पर्यावरण के अन्य प्रदूषणों की भाँति यह धीरे-धीरे प्रभावित करता है। वैज्ञानिकों द्वारा किए गए प्रेक्षणों से यह स्पष्ट होता है कि 85 डेसीबल से अधिक की ध्वनि यदि लगातार सुनी जाए तो उससे सिर और कान में दर्द होने लगता है। कुछ व्यक्तियों में स्थायी या अस्थायी रूप से बहरापन आ सकता है। शोर से हमारी कार्य-दक्षता में कमी आती है, मानसिक तनाव बढ़ता है और स्वभाव में चिड़चिड़ापन आ जाता है। यदि कोई व्यक्ति 120 डेसीबल से अधिक ध्वनि-क्षेत्र में कुछ दिन रहे तो उसके स्नायु-तंत्र पर प्रतिकूल प्रभाव पड़ने लगता है। इससे अनिद्रा, रक्तचाप, स्मृति का कमजोर होना और बहरेपन की शिकायतें उत्पन्न हो जाती हैं। ऐसे व्यक्ति को दिल का दौरा भी पड़ सकता है। 130 से 150 डेसीबल की ध्वनि से कुछ ही मिनटों में कानों में झनझनाहट व दर्द उत्पन्न हो जाता है, जिससे कान का पर्दा फट भी सकता है और चिकित्सा जगत में अभी इसका कोई इलाज नहीं है। कुछ व्यक्तियों को पेट के रोग भी हो सकते हैं। यदि ध्वनि-तीव्रता 120 डेसीबल से अधिक हो, तो गर्भवती महिला, उसके गर्भस्थ शिशु, छोटे बच्चों व बीमार व्यक्तियों के स्वास्थ्य को अधिक हानि पहुँचती है। प्रोफेसर नोवेल जोंस (कैलिफोर्निया विश्वविद्यालय, अमेरिका) ने 2 लाख से अधिक नवजात शिशुओं पर परीक्षण के बाद यह निष्कर्ष निकाला है कि

शांत स्थानों पर रहनेवाली गर्भवती महिलाओं की तुलना में शोर-भरे क्षेत्रों में रहनेवाली गर्भवती महिलाओं द्वारा जन्मे बच्चों में जन्मजात विकृतियाँ अधिक होती हैं।

शोर का बुरा असर बच्चों की पढ़ाई पर भी पड़ता है। इससे उनकी स्मरण-शक्ति कमजोर हो जाती है और पढ़ाई में कम ध्यान लगता है। 40 प्रतिशत बच्चे बहरेपन के शिकार हो सकते हैं। इसी प्रकार कुलियों व सब्जी बेचनेवालों में 40 प्रतिशत लोगों के कानों में घंटियाँ बजने जैसी बीमारी हो जाती है।

लगभग 180 डेसीबल शोर से कभी-कभी मनुष्य की मृत्यु हो सकती है। इसी आधार पर 200 डेसीबल ध्वनि उत्पन्न करनेवाले मारक अस्त्र विकसित किए गए हैं।

भारत के अधिकांश महानगरों में तेजी से बढ़ती हुई जनसंख्या, वाहनों द्वारा परिवहन मार्गों पर दबाव और औद्योगिक विस्तार से ध्वनि-प्रदूषण में प्रतिवर्ष एक प्रतिशत की दर से वृद्धि हो रही है।

भारत के चार महानगरों में ध्वनि की तीव्रता (डेसीबल) निम्नलिखित पाई गई—

(i)	कलकत्ता	86 (दिन)	72 (रात्रि)
(ii)	मद्रास	78 (दिन)	73 (रात्रि)
(iii)	बम्बई	77 (दिन)	67 (रात्रि)
(iv)	दिल्ली	73 (दिन)	68 (रात्रि)

यह विश्व स्वास्थ्य संगठन द्वारा निर्धारित सीमा से अधिक है।

भारत में कुछ अनुसंधानों द्वारा निम्नलिखित परिणाम निकाले गए हैं—

1. आयुर्विज्ञान अनुसंधान भारतीय परिषद द्वारा यह पता लगा है कि ग्रामीण क्षेत्रों की अपेक्षा नगरों में लगभग डेढ़ गुना अधिक लोग ऊँचा सुनते हैं, जिसका कारण ध्वनि-प्रदूषण माना जा सकता है।

2. कलकत्ता के साहा इंस्टीट्यूट ऑफ न्यूक्लियर फिजिक्स तथा कलकत्ता मेडिकल कालेज द्वारा किए गए एक सर्वेक्षण के अनुसार कलकत्ता महानगर में प्रति एक हजार नागरिकों में से 4 नागरिकों को यातायात द्वारा उत्पन्न ध्वनि-प्रदूषण के कारण बहरेपन की बीमारी है।

3. पोस्ट ग्रेजुएट स्कूल ऑफ मेडिकल साइंस द्वारा किए गए सर्वेक्षण से यह स्पष्ट होता है कि मद्रास, कोयंबटूर, मदुराई तथा त्रिवेंद्रम नगरों के 25 प्रतिशत औद्योगिक श्रमिक बहरेपन से पीड़ित हैं।

4. राष्ट्रीय भौतिकी प्रयोगशाला ने अध्ययन करके पता लगाया है कि दीपावली की रात्रि में 85 से 100 डेसीबल शोर पहुँच जाता है, जो विस्फोटकों से दूरी पर निर्भर करता है।

5. कुछ अस्पतालों में 80 डेसीबल तक शोर पाया गया जबकि वहां इसे 50 डेसीबल से कम होना चाहिए।

ध्वनि-प्रदूषण में नियंत्रण

विश्व स्वास्थ्य संगठन के अनुसार दिन में 55 डेसीबल और रात्रि में 45 डेसीबल शोर सुरक्षित सीमा में माना जाता है। भारत में 1974 ई. में ध्वनि-प्रदूषण-रोकथाम-नियम बनाया गया, जिससे शोर को नियंत्रित करने में सहायता मिलती है। जापान में ध्वनि-प्रदूषित आबादी के क्षेत्र में प्रमुख राष्ट्रीय सड़क और घनी आबादीवाले मकानों के बीच एक ऊँची दीवार बनाई गई है, जो वाहनों द्वारा उत्पन्न शोर को सोख लेती है। पश्चिमी देशों में शोर को रोकने के लिए कानून बने हैं। इंग्लैंड में कारों की अधिकतम शोर-सीमा 85 डेसीबल तथा भारी वाहनों की 90 डेसीबल है। लंदन हवाई अड्डे पर रात्रि में 105 डेसीबल से अधिक शोर मना है।

ध्वनि-प्रदूषण को कुछ सीमा तक निम्नलिखित उपायों द्वारा नियंत्रित किया जा सकता है—

1. शोर उत्पन्न करनेवाले सभी संयंत्रों में ध्वनि-तीव्रता को कम करनेवाले संयंत्र आवश्यक रूप से लगाए जाएँ।

2. शोर करनेवाली मशीनों पर कार्य करनेवाले कर्मचारियों को अनिवार्य रूप से ईयर प्लग आदि उपकरण दिए जाएँ।

3. शोरग्रस्त क्षेत्रों में विस्तृत पैमाने पर वृक्षारोपण कर शोर की तीव्रता को कम किया जा सकता है।

4. जनसाधारण को ध्वनि-प्रदूषण से उत्पन्न खतरों से अवगत कराया जाए, जिससे प्रत्येक व्यक्ति अपने स्तर पर शोर कम करने का हर संभव प्रयास करे।

5. ध्वनि-शोषक सड़कों तथा ध्वनि-विरोधी भवनों के निर्माण से शोर के दुष्प्रभाव को कम किया जा सकता है।

6. मशीनों में तेल नियमित रूप से डाला जाए। डीजल से चलनेवाले वाहनों में ध्वनि-अवरोधी यंत्र (साइलेंसर) लगाने चाहिए। तेज ध्वनिवाले लाउडस्पीकरों के प्रयोग पर नियंत्रण होना चाहिए।

7. शोर-पीड़ित व्यक्तियों के लिए इंग्लैंड और अमेरिका की भाँति भारतीय कानून में भी संशोधन करके मुआवजा देने की समुचित व्यवस्था की जानी चाहिए।

अध्याय 6

क्लोरोफ्लूरोकार्बन और ओज़ोन

क्लोरोफ्लूरोकार्बन पदार्थों का वायुमंडलीय ओज़ोन (क्षोभमंडल एवं स्थिर मंडल) के साथ घनिष्ठ संबंध पाया गया है। तालिका 17 में मानवीय कार्यों द्वारा उत्पन्न सभी प्रमुख हैलोजेन दिए गए हैं, जो सौर-विकिरण द्वारा उत्पन्न अवरक्त किरणों को अवशोषित करके ग्रीन हाउस प्रभाव उत्पन्न करते हैं। इसमें दी गई कार्बन डाइऑक्साइड, मीथेन व नाइट्रस ऑक्साइड गैसों से जलवायु पर पड़नेवाले प्रभाव का विवरण आठवें अध्याय में दिया जाएगा। क्लोरोफ्लूरोकार्बन का विभिन्न कार्यों में प्रयोग तालिका 18 में दिया गया है। स्थिर मंडल में ओज़ोन का ह्रास इन्हीं के कारण माना गया है। विभिन्न प्रकार के क्लोरोफ्लूरोकार्बन में CFC-22 दूसरे CFC की अपेक्षा कहीं अधिक सक्रिय है और वायुमंडल में इसका सबसे कम जीवन-काल होता है। अतः ग्रीन हाउस गैस अथवा ओज़ोन परत में कमी उत्पन्न करने के लिए इसकी महत्ता कम ही है। तालिका 19 में CFC उत्सर्जन को कम करने के लिए कुछ प्रभावशाली युक्तियाँ बतलाई गई हैं, परंतु उन्हें भी कार्यान्वित करने के लिए कई करोड़ डालर की आवश्यकता है।

ओज़ोन

ओज़ोन गैस ऑक्सीजन (O_2) का त्रिपरमाणविक (ट्राई एटामिक) रूप है, जो वायुमंडल में पराबैंगनी किरणों (अल्ट्रावायलेट रेज़) से ऑक्सीजन-अणुओं के प्रकाशिक नियोजन (फोटोलिसिस) द्वारा निर्मित होता है। इस क्रिया में ऑक्सीजन का अणु नवजात ऑक्सीजन (O) के दो परमाणुओं में टूट जाता है और प्रत्येक परमाणु ऑक्सीजन से मिलकर ओज़ोन (O_3) बना लेता है। यह प्रक्रिया वायुमंडल में 15 से 45 किलोमीटर ऊँचाई पर होती रहती है, जहाँ ओज़ोन की मात्रा सबसे अधिक पाई जाती है। 118 से 240 नैनो मी. बैंड में सौर-विकिरण वायुमंडल में ओज़ोन बनाती है। ओज़ोन के दो अवशोषण बैंड हैं, जिनसे हार्टले बैंड 200 से 320 नैनोमीटर में सौर-किरणें अत्यधिक अवशोषित होती हैं। निर्बल बैंड (हाईजिंस) 320 से 360 नैनोमीटर के बीच होता है। ओज़ोन की सांद्रता व वायुविलय की प्रकाशीय गहराई के अनुसार पराबैंगनी सौर-विकिरण 280 से 290 नैनोमीटर के बीच तक ओज़ोन को नष्ट कर देती है। इस प्रकार ओज़ोन में कमी होने से पृथ्वी पर पराबैंगनी विकिरण की मात्रा बढ़ जाती है। संयुक्तराष्ट्र के पर्यावरणीय पंचाट (पैनेल) ने बताया है कि ओज़ोन में एक प्रतिशत की

कमी होने से 3 प्रतिशत त्वचा-कैंसर बढ़ जाएगा। इससे मोतियाबिंद (कैटेरेक्ट) होने से एक लाख लोग और दृष्टिहीन हो जाएँगे। ओज़ोन की मात्रा डाबसन नामक एकक में मापी जाती है, जिसके अनुसार वायुमंडल के ऊर्ध्वाधर स्तंभ में एक डाबसन एकक ओज़ोन का माप 0.01 मिलीमीटर मोटाई के मानक तापमान और दाब पर ली गई ओज़ोन की परत के बराबर होता है। इसे मापने के लिए पृथ्वी के ऊपर गुब्बारे, राकेट व उपग्रह में प्रयोग किए गए यंत्रों का वर्णन दूसरे अध्याय में किया जा चुका है। तालिका 20 में क्षोभमंडलीय ओज़ोन के संतुलन के बारे में बतलाया गया है। इससे स्पष्ट होता है कि उत्तरी गोलार्द्ध में दक्षिणी गोलार्द्ध की अपेक्षा इसका संतुलन बनाए रखनेवाली क्रियाएँ अधिक सक्रिय हैं। फिर भी अंटार्कटिक क्षेत्र के स्थिर मंडल में वसंत ऋतु में ओज़ोन की मात्रा कभी-कभी बहुत घट जाती है, जिसके प्रति वैज्ञानिकों, सरकारों तथा जनता की जागरूकता बढ़ी है, क्योंकि इसका संबंध मनुष्य जाति से है।

समताप मंडल में ओज़ोन का वितरण तीन प्राकृतिक चक्रीय घटनाओं, अर्थात ऋतु, ग्यारह वर्षीय सौर-चक्र तथा द्विवार्षिक कल्प (क्वासी बाइनियल आसिलेशन) दोलन पर निर्भर रहता है। इसके अतिरिक्त दो अनियमित घटनाओं, जैसे ज्वालामुखी-विस्फोटन व एलनिनों का भी प्रभाव पड़ता है।

तालिका 17

प्रमुख ग्रीन हाउस गैसें

गैस	स्रोत	लुप्त होने का स्थान	समय (वर्ष)	वार्षिक वृद्धि (प्रतिशत)
CO_2	दहन, वनों का कटना	समुद्र	7	0.4
CH_4	प्राकृतिक गैस दहन, कृषि, पशु	OH	10	1
N_2O	दहन, खाद	स्थिर मंडल	170	0.2
CFC-11 ($CFCl_3$)	छिड़काव, प्रशीतक औद्योगिक	स्थिर मंडल	80	15-20
CFC-12 ($CF_2\ Cl_2$)	छिड़काव, प्रशीतक औद्योगिक	स्थिर मंडल	170	15-20
CFC-22 ($CH\ Cl\ F_2$)	प्रशीतक, औद्योगिक	OH	20	—
$CH_3\ CCl_3$ (मेथिल क्लोरोफार्म)	औद्योगिक	OH	8	—
CFC-113 ($CCl_2\ FCCL\ F_2$)	औद्योगिक	स्थिर मंडल	90	5-10

तालिका 18

CFC का 1976 ई. में अमेरिका में उपयोग (मिलियन पौंड)

उपयोग	CFC-11	CFC-12	CFC-22	CFC-113	कुल
फोम (मुलायम)	34	—	—	—	34
विलायक	—	—	—	69	69
फोम (कड़ा)	37	23	—	—	60
वातानुकूल संबंधी					
चलते-फिरते	—	90	—	—	90
घरेलू	—	—	46	—	46
सुपर मार्केट	—	—	29	—	29
रेफ्रीजरेटर संबंधी					
शीतलक	8	5	3	—	16
घरेलू फ्रिज	—	6	—	—	6
खाद्य	—	11	1	—	12
विविध					
द्रव शीघ्र हिमायन	—	6	—	—	6
विसंक्रमण पदार्थ	—	13	—	—	13
दूसरे	20	35	38	—	93
कुल	99	189	117	69	474

तालिका 19

CFC उत्सर्जन को घटाने की प्रमुख युक्तियाँ

उपयोग	इच्छित उत्पादन में पुनः प्राप्ति	सुधारक प्रतिस्थापन रसायन	विकल्प निस्तारण व रसाव में कमी	CFC के प्रयोग का परित्याग
वायुविलय				×
मुलायम फोम	×			
विलायक		×		
कड़े फोम				×
वाहन (मोटरगाड़ी)		×	×	
शीतलक			×	
रेफ्रीजरेटर		×	×	

तालिका 20

क्षोभमंडलीय ओज़ोन का संतुलन (अनुमानित)
(10^6 टन प्रतिवर्ष)

स्रोत	उत्तरी गोलार्द्ध	दक्षिणी गोलार्द्ध	पृथ्वी पर (कुल)
(1) समताप मंडल से प्राप्त	400	250	650
(2) पृथ्वी की सतह पर क्षति	450	180	630
(3) प्रकाश रासायनिक क्रिया द्वारा क्षति	1300	570	1870
(4) प्रकाश रासायनिक क्रिया द्वारा रचयित	1350	500	1850

तालिका 21

ओज़ोन ह्रासक पदार्थ

ग्रुप	पदार्थ	ओज़ोन ह्रास क्षमता
ग्रुप I	CFC 11	1.0
	CFC 12	1.0
	CFC 113	0.8
	CFC 114	1.0
	CFC 115	0.6
ग्रुप II	हैलोन 13	3.0
	हैलोन 1301	10.0
	हैलोन 2402	5.5
ग्रुप III	CFC 13	0.45
	CFC 111	पता नहीं
	CFC 112	0.96
ग्रुप IV	कार्बन टेट्राक्लोराइड	1.11
ग्रुप V	मेथाइल क्लोरोफार्म	0.11
ग्रुप VI	HCFC 21	0.04

HCFC 22	0.05
HCFC 31	0.05
HCFC 121	पता नहीं
HCFC 122	पता नहीं
HCFC 123	0.02
HCFC 124	0.02
HCFC 131	पता नहीं
HCFC 132	0.05
HCFC 133	0.05
HCFC 141	0.09-0.10
HCFC 142	0.06
HCFC 224, 225, 226	पता नहीं
HCFC 234, 235	पता नहीं
HCFC 242, 243, 244	पता नहीं
HCFC 252, 253	पता नहीं
HCFC 261, 262	पता नहीं
HCFC 271	पता नहीं

ओज़ोन में परिवर्तन

भारत मौसम विज्ञान विभाग, डाबसन ओज़ोन स्पेक्ट्रोफोटोमीटर द्वारा निम्नलिखित स्थानों पर प्रेक्षण ले रहा है—

नई दिल्ली, पुणे, वाराणसी व कोडईकनाल। ओज़ोन सौंदे की उड़ानें नई दिल्ली, पुणे और त्रिवेंद्रम से ली जाती हैं। ओज़ोन का वायुमंडल में ऊर्ध्वाधर दिशा में अध्ययन करने के लिए उमखेर युक्ति से भी प्रेक्षण लिए जाते हैं।

ओज़ोन की मात्रा दिन, समय (दैनिक) और स्थान के साथ बदलती है। यह लगभग आठ बजे प्रातःकाल से बढ़ने लगती है और सायंकाल लगभग 6 बजे से कम होने लगती है। श्रीनगर में यह सबसे अधिक पाई गई है और त्रिवेंद्रम में सबसे कम। इसकी सबसे अधिक मात्रा उमखेर विधि की अपेक्षा ओज़ोन सौंदे से अधिक पाई जाती है।

समताप मंडल में ओज़ोन की मात्रा विक्षुब्ध मौसम के साथ भी बदलती है—

1. मानसून द्रोण (ट्रफ) पर ओज़ोन का मान सबसे कम होता है (एल. एस. हिंगने 1990)।

2. पश्चिमी विक्षोभ आने से श्रीनगर में ओज़ोन की मात्रा बढ़ जाती है। उसके कुछ समय बाद (24 घंटे या कम) नई दिल्ली में भी ओज़ोन बढ़ जाती है, जो विक्षोभ के निकल जाने के बाद सामान्य रूप में वापस आ जाती है।

3. चक्रवाती तूफान के अंदर के कोड पर ओज़ोन की मात्रा तब अधिक पाई गई, जब वह तट को पार कर रहा था (ए. के. मुखर्जी व सहयोगी, 1986)।

भारत मौसम विज्ञान विभाग के अंतर्गत कार्यरत राष्ट्रीय ओज़ोन केंद्र नई दिल्ली से बदलकर 1989 ई. से पुणे में कार्य कर रहा है। इसके अतिरिक्त अन्य संस्थाएँ जैसे राष्ट्रीय भौतिकी प्रयोगशाला, नई दिल्ली; अंतरिक्ष केंद्र, त्रिवेंद्रम तथा कुछ विश्वविद्यालय विभिन्न प्रकार के यंत्र लगाकर महत्वपूर्ण सहयोग दे रहे हैं। विभिन्न युक्तियों द्वारा ओज़ोन का ऊँचाई के साथ परिवर्तन (सबसे अधिक मात्रा) लगभग 25 किलोमीटर पर त्रिवेंद्रम में पाया गया। ओज़ोन छिद्र का अध्ययन करने के लिए भी भारत मौसम विज्ञान विभाग व अन्य संस्थाएँ दक्षिण गंगोत्री व मैत्री नामक स्टेशनों पर 1987 से प्रेक्षण ले रहे हैं। चित्र 22 में गुब्बारों द्वारा प्राप्त ओज़ोन की सांद्रता सितंबर-अक्टूबर 1987-1988 में दक्षिण गंगोत्री पर किस प्रकार बदलती है, यह दर्शाया गया है।

ओज़ोन छिद्र (होल)

1985 में ब्रिटिश एंटार्कटिक सर्वेक्षण ने हेली बे-स्टेशन के प्रेक्षणों द्वारा पता लगाया कि अक्टूबर 1984 से समताप मंडल में ओज़ोन की मात्रा निरंतर कम होती जा रही थी, जो 1970 के प्रारंभ की 300 डाबसन इकाई से घटकर 180 इकाई रह गई। 1986 में नासा (अमेरिका) ने निम्बस-7 उपग्रह द्वारा ओज़ोन मापक स्पेक्ट्रोमीटर से 'ओज़ोन छिद्र' की पुष्टि की। अक्टूबर 1987 में कुल ओज़ोन की मात्रा घटकर लगभग आधी रह गई। अतः इन दो वर्षों में ओज़ोन में भारी कमी हुई। फिर 1988 में पिछले दो वर्षों की अपेक्षा ओज़ोन में कम कमी पाई गई, परंतु 1989 में ओज़ोन की मात्रा फिर से बहुत अधिक घट गई। फरवरी से लेकर अक्टूबर तक इसमें 40 प्रतिशत कमी पाई जा सकती है।

'ओज़ोन छिद्र' समताप मंडल में 40 से 45 किलोमीटर से प्रारंभ होता है और 15 से 20 किलोमीटर ऊँचाई तक प्रभावित करता है। सबसे अधिक ओज़ोन-ह्रास 16.5 किलोमीटर पर होता है। निम्बस-7 उपग्रह द्वारा कुल ओज़ोन की मात्रा 1978 से निरंतर मापी जा रही है, परंतु अब उस यंत्र का लगभग अंतिम समय है। अतः नासा द्वारा रूस के मिटिओर-3 और जापान के उपग्रहों द्वारा ओज़ोन की माप के लिए प्रयत्न किया गया है। नोआ (अमेरिका) के भावी उपग्रहों द्वारा भी ओज़ोन की माप की जाएगी। इसके अतिरिक्त विश्व मौसम विज्ञान संगठन के 60 सदस्यों द्वारा विश्व-भर में विभिन्न प्रकार के 140 ओज़ोन-मापी यंत्र चलाए जा रहे हैं। 1980 में इन यंत्रों की स्विट्जरलैंड में समानता की गई, जिससे विश्व-भर के आँकड़ों की यथार्थता की तुलना की जा सके। परंतु फिर भी ध्रुवीय रात्रि में ओज़ोन की मात्रा वर्तमान युक्तियों द्वारा (जिनमें लेज़र हेटेरोडाइन प्रणाली भी सम्मिलित है) नहीं मापी जा सकती। अतः इसके लिए मिलीमीटर दैर्घ्य तकनीकी का प्रयोग करके राष्ट्रीय भौतिकी प्रयोगशाला, दिल्ली ने एक यंत्र बनाया

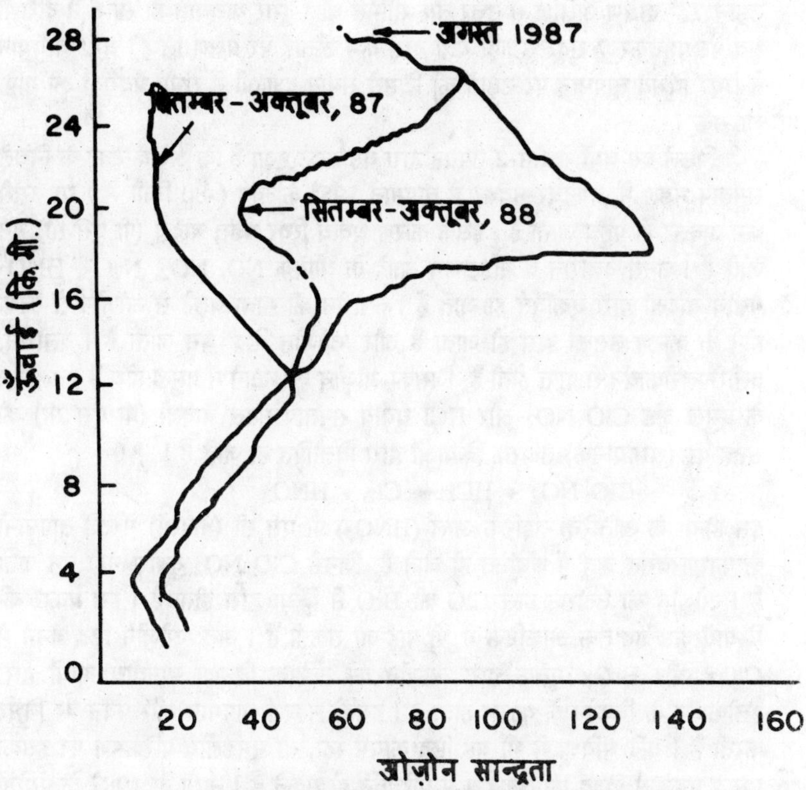

चित्र-22 : ओज़ोन का ऊँचाई के साथ परिवर्तन, द. गंगोत्री (1987-88)
(भारत मौसम विज्ञान विभाग)

है जिससे ओज़ोन की तीव्र उत्सर्जन-रेखाओं का प्रेक्षण करके उसकी ऊँचाई के साथ सांद्रता में परिवर्तन का अध्ययन किया जा सकता है। इसके तीन मुख्य लाभ हैं—

(1) उत्सर्जन मापों के कारण दिन और रात में ओज़ोन के प्रेक्षण किए जा सकते हैं।

(2) मिलीमीटर तरंगें बादलों और वायुविलय से प्रभावित नहीं होती हैं, अतः घनघोर वर्षा को छोड़कर हर प्रकार के मौसम में प्रेक्षण किए जा सकते हैं।

(3) माइक्रोवेव अवशोषक (कृष्णिका विकिरण) द्वारा संपूर्ण अनुसंशोधन युक्ति का प्रयोग हो सकता है।

1987 में अमेरिका के अंटार्कटिक-ओज़ोन एक्सपेरिमेंट प्रोजेक्ट में नासा, जेट प्रोपल्सन प्रयोगशाला, हार्वर्ड, डेन्वर व वाशिंगटन विश्वविद्यालयों के 150 विशेषज्ञों ने भाग लिया, जिसमें दो वायुयानों ने 25 उड़ानें कीं। वायुयान यू-2 ओज़ोन छिद्र के

अंदर उड़ा और उसमें वायुमंडल में किए जानेवाले 14 प्रयोगों के यंत्र भेजे गए। यह उड़ानें 72° दक्षिण अक्षांश से उत्तर तक सीमित थीं। दूसरे वायुयान डी सी-8 ने दक्षिणी ध्रुव पर पहुँचकर 7 सुदूर सुग्राही यंत्रों द्वारा कम ऊँचाई पर प्रेक्षण लिए। यू-2 वायुयान ने स्थिर विभव तापमान पर उड़ानें कीं जिससे समान दशाओं में सभी अवयवों को मापा जा सके।

पिछले दस वर्षों से सैम-2 उपग्रह द्वारा यह स्पष्ट हुआ है कि अंटार्कटिका के निचले समताप मंडल में अक्टूबर-नवंबर में तापमान 195° केल्विन (-80 डिग्री सें.) या उससे कम अक्सर ही पहुँच जाता है। इसके कारण ध्रुवीय स्थिर मंडल बादल (पी एस सी) बन जाते हैं। उनसे क्लोरीन व नाइट्रोजन आदि के यौगिक NO, NO_2, N_2O_5, HNO_3 गैसीय बादलों द्वारा एकत्रित हो जाते हैं। क्लोरीन की मात्रा बढ़ने से ओज़ोन से क्रिया होने के कारण उसका ह्रास हो जाता है और 'ओज़ोन छिद्र' बन जाता है। क्लोरीन, क्लोरोफ्लूरोकार्बन से प्राप्त होती है, जिसका ओज़ोन को घटाने में प्रमुख हाथ है। क़्लोरीन के प्रमुख कुंड ClO NO_2 और HCl ध्रुवीय समताप मंडल बादलों (पी एस सी) की सतह पर (रासायनिक) उत्प्रेरक क्रियाओं द्वारा विलोपित हो जाते हैं।

$$ClO\ NO_2 + HCl \rightarrow Cl_2 + HNO_3$$

इस क्रिया के अतिरिक्त नाइट्रिक अम्ल (HNO_3) पी एस सी (बादलों) में ठंडे तापमानों के कारण वसंत ऋतु में संघनित हो जाते हैं, जिनसे ClO NO_2 दुबारा नहीं बन पाता है। ओज़ोन का उत्प्रेरक ह्रास ClO की BrO से क्रिया द्वारा होता है। इस प्रकार की क्रियाएँ कुछ हद तक आर्कटिक में भी पाई जा सकती हैं। अतः ओज़ोन छिद्र बनने में ClOx और BrOx मूलक द्वारा ओज़ोन का उत्प्रेरक विनाश मानवीय कार्यों द्वारा हैलोकार्बन के विघटन के कारण होता है। इसकी गहराई तापमान और पवन पर निर्भर करती है। यदि भविष्य में भी यह छिद्र कायम रहा, तो भूमंडलीय परिक्रमण पर इसका प्रभाव पड़ने से विश्व की जलवायु में परिवर्तन हो सकते हैं। नासा के 1987 के प्रयोगों से यह स्पष्ट हुआ है कि ओज़ोन के ह्रास की गति छिद्र के बाहर क्लोराइड मोनोऑक्साइड के बराबर ही होती है। इससे यह स्पष्ट होता है कि क्लोरीन प्रकाशीय रसायन-क्रिया के अतिरिक्त ओज़ोन की कमी का कोई दूसरा भी कारण है। अनुमान है, शायद भूमंडलीय परिक्रमण इसे प्रभावित करता हो। अतः इन दोनों मतों द्वारा कारण और प्रभाव का निर्धारण मुश्किल है।

समताप मंडल में जेट वायुयान की उड़ानों द्वारा NO_x (95%) नाइट्रिक ऑक्साइड (NO) के रूप में निकलता है, जिससे उत्प्रेरक क्रियाओं द्वारा भी ओज़ोन का ह्रास हो सकता है।

1986 व 1987 के विशेष प्रेक्षणों द्वारा ओज़ोन छिद्र के विषय में मूल्यवान जानकारी मिली है। ओज़ोन से तीन मूलक (रैडिकल) OH, NO_x और ClO क्रिया करके उसका विनाश करते हैं। 1987 में ध्रुवीय आवर्त के अंदर ClO की सांद्रता

उससे निचले अक्षांशों की तुलना में 100 गुना अधिक पाई गई। उसी काल में NO_2 की सांद्रता 20 और 29 किलोमीटर की ऊँचाई पर अंटार्कटिक ग्रीष्म ऋतु की अपेक्षा पांच से दस गुना कम हो गई, जबकि इसमें कोई कमी नहीं पाई जाती है। H_2O की मात्रा भी कम हो गई। अतः छिद्र में निर्जलित होने के साथ-साथ नाइट्रिक ऑक्साइड में भी कमी हुई और ClO की मात्रा बढ़ गई। अंटार्कटिक ओज़ोन छिद्र बनने का कारण स्वतंत्र क्लोरीनमूलक (रैडिकल) की अधिक मात्रा है। मापों द्वारा यह भी स्पष्ट हुआ कि ध्रुवीय आवर्त में HCl की मात्रा बहुत ही कम पाई गई। इससे अनुमान लगाया गया कि HCl द्वारा निष्कासित क्लोरीन का ओज़ोन छिद्र से गहरा संबंध है। अतः HCl, ClO, NO_2, HNO_3, जो साधारणतया निष्क्रिय रहते हैं, बर्फीले अंटार्कटिक समताप मंडल में विशेष परिस्थिति में क्रियात्मक हो जाते हैं। अनुमान है कि HCl व HNO_3 बर्फ से चिपक जाते हैं और बादलों की बर्फीली सतह (पी एस सी) पर ClO, NO_2 के साथ HCl से क्रिया करके स्वतंत्र क्लोरीन निकलती है और बर्फ के घोल पर एकत्रित हो जाती है।

ध्रुवीय समताप मंडलीय बादल दो प्रकार के होते हैं—

(1) *किस्म-I :* इस प्रकार के बादल HNO_3/H_2O कणों द्वारा 195-200° के. तापमान पर बनते हैं, जो अपेक्षाकृत छोटे आकार (लगभग एक माइक्रोमीटर) के कणों द्वारा बहुत ही सीमित स्थान में इकट्ठे होते हैं। इनकी रचना में बड़ी मात्रा में समताप मंडल की नाइट्रोजन निकलकर बाहर आ जाती है।

(2) *किस्म-II :* इस प्रकार के हिम बादल, समताप मंडल में लगभग 190° के. तापमान पर बनते हैं, जो जल के ऊर्ध्वपालन (सबलीमेशन) ताप से नीचे होता है। इनके कण बड़े आकार के दस माइक्रोमीटर के लगभग होते हैं। उनकी रचना में समताप मंडल से न केवल नाइट्रोजन निकलती है, बल्कि कुछ जल भी खिंच आता है।

दोनों प्रकार के यह बादल क्लोरीन रसायन को सक्रिय कर देते हैं। साधारणतया हाईड्रोक्लोरिक अम्ल ओज़ोन के साथ निष्क्रिय रहता है। परंतु यह क्लोरीन, क्लोरीन मोनोऑक्साइड व दूसरे सक्रिय यौगिकों (क्लोरीनयुक्त) में बदल जाता है। पराबैंगनी विकिरण में यह क्लोरीनयुक्त यौगिक उत्प्रेरक क्रियाओं द्वारा ओज़ोन को नष्ट कर देते हैं, जैसाकि चित्र 23 में दिखलाया गया है। गुब्बारों द्वारा 24 जनवरी से 22 फरवरी, 1989 के बीच आर्कटिक में ओज़ोन मापक यंत्र छोड़ने से यह स्पष्ट हुआ कि 20 किलोमीटर की ऊँचाई पर उसमें 20 प्रतिशत कमी हो जाती है। इसकी रूपरेखा (ऊर्ध्वाधर में परिवर्तन) सितंबर 1986 की अंटार्कटिका (दक्षिणी ध्रुव) से मिलती-जुलती है। (चित्र 24) अंटार्कटिक में ओज़ोन-मापक स्पेक्ट्रोमीटर (उपग्रह द्वारा) से यह भी स्पष्ट हुआ कि 1986 और 1988 में ओज़ोन छिद्र का क्षेत्रफल 1987 और 1989 की अपेक्षा काफी कम था। अब तक सबसे कम ओज़ोन की सांद्रता अक्टूबर 1987 में पाई गई, परंतु 1989 (6 से 9 अक्टूबर, 135 डाबसन इकाई) में इससे कुछ ही अधिक

ओज़ोन पाई गई, जो जल्दी ही (10 नवंबर तक) 288 डाबसन इकाई हो गई । यह 17 नवंबर तक बढ़कर 322 डाबसन इकाई पहुँच गई । इन दोनों वर्षों में ओज़ोन छिद्र दक्षिणी ध्रुव पर केन्द्रित था । ओज़ोन छिद्र की गहराई 1986 और 1988 की अपेक्षा अयुग्म वर्षों में अधिक थी ।

प्रश्न उठता है कि 'ओज़ोन छिद्र' अंटार्कटिका में ही क्यों बनता है ? समताप मंडल के ताप आर्कटिक पर दक्षिणी ध्रुव की अपेक्षा अधिक होते हैं । इसके अतिरिक्त कम ताप अधिक समय तक नहीं रह पाते । इसका कारण यह है कि आर्कटिक के चारों ओर के पर्वत निचले अक्षांश से आनेवाली हवाओं को, जैसे ही वे ध्रुव की ओर पहुँचती हैं, घुमा देते हैं । अतः शीतकाल में यह अंटार्कटिक की अपेक्षा मौसम की दृष्टि से अलग कम रह पाता है ।

चित्र 25 से स्पष्ट होता है कि वायु तथा तापमान के परिसंचार नमूनों में उत्तरी व दक्षिणी गोलार्द्ध में काफी अंतर होता है । यह फर्क शीतकालीन चक्रवातों, जोकि ध्रुवीय समताप मंडल में उत्पन्न हो जाते हैं, से बिलकुल स्पष्ट हो जाता है । अंटार्कटिक भँवर (वर्टेक्स) वायुमंडल के शेष भाग से कटकर शीतकाल में अलग हो जाता है । इसका केंद्र दक्षिणी ध्रुव के ऊपर होता है और अपेक्षाकृत सुडौल होता है । इसके विपरीत आर्कटिक के ध्रुवीय भँवर में असंमिति (एसिमेट्री) होती है, जिसमें कभी-कभी कई सेल बन जाते हैं, जो अक्सर टूट भी सकते हैं । इस प्रकार अंटार्कटिक क्षेत्र के समताप मंडल में वायु निरंतर संकेन्द्रिक वृत्तों में ही घूमती रहती है । इसके विपरीत आर्कटिक क्षेत्र में भँवर के असंमिति होने के कारण भूमध्यीय प्रदेशों से वाताग्रों द्वारा अधिक तीव्र विनिमय होता रहता है । दूसरे, तरंग जैसे विक्षोभों द्वारा तापमान अंटार्कटिक की अपेक्षा बढ़ जाता है, जिससे पी एस सी मेघ कम बन पाते हैं । अतः वसंत/शीतकाल में सूर्य की किरणों के अंटार्कटिक में न पहुँचने के कारण तापमान घटने से पी एस सी (मेघ) बन जाते हैं तथा सूर्य के ऊपर उठते ही तापमान बढ़ने से यह विलुप्त हो जाते हैं । अतः ध्रुवीय शीतकाल में अंटार्कटिका में Cl_2 व HOCl अणुओं की संख्या बहुत बढ़ जाती है, जो वसंत ऋतु के प्रारंभ में सूर्य-विकिरण (300 से 400 नैनोमीटर) द्वारा नन्हे हिमकणों से सक्रिय क्लोरीन निकालकर ओज़ोन नष्ट कर देती है, जैसाकि पहले भी बतलाया जा चुका है । संक्षेप में आर्कटिक में ओज़ोन की कमी निम्नलिखित कारणों से अपेक्षाकृत कम होती है—

1. आर्कटिक तापमान लगभग 10° सेंटीग्रेड अंटार्कटिक की अपेक्षा अधिक होते हैं ।

2. इस क्षेत्र में विनिमय-क्रियाएँ अधिक तीव्र गति से होती हैं, जिससे यहाँ के वाताग्र वायुमंडल के शेष भागों से अलग नहीं रह सकते हैं ।

प्रयोगशाला में किए गए नए अनुसंधानों से यह स्पष्ट होता है कि ClO NO_2 जब पी एस सी (किस्म I व II मेघों) में घुल जाते हैं तो HCl से तेजी से क्रिया करते

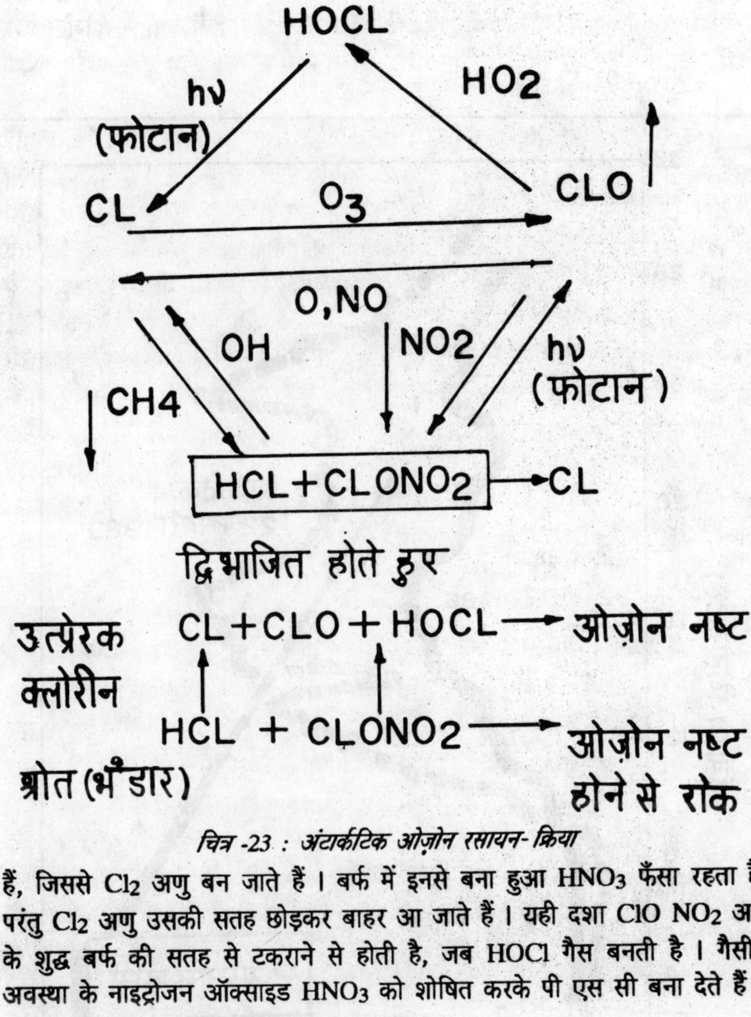

चित्र -23 : अंटार्कटिक ओज़ोन रसायन- क्रिया

हैं, जिससे Cl_2 अणु बन जाते हैं । बर्फ में इनसे बना हुआ HNO_3 फँसा रहता है, परंतु Cl_2 अणु उसकी सतह छोड़कर बाहर आ जाते हैं । यही दशा ClO NO_2 अणु के शुद्ध बर्फ की सतह से टकराने से होती है, जब HOCl गैस बनती है । गैसीय अवस्था के नाइट्रोजन ऑक्साइड HNO_3 को शोषित करके पी एस सी बना देते हैं ।

ओज़ोन और समताप मंडल में तापमान

मानक गैस मॉडलों द्वारा पता लगता है कि विरल गैसें और क्लोरोफ्लूरोकार्बन का प्रभाव ओज़ोन पर दो तरह से होता है—

(1) रासायनिक उत्प्रेरक उत्पादन, जिससे ओज़ोन में कमी हो जाती है ।

(2) वायुमंडलीय ग्रीन हाउस प्रभाववाली गैसों में वृद्धि । इससे दीर्घ दैर्घ्य प्रवाह के

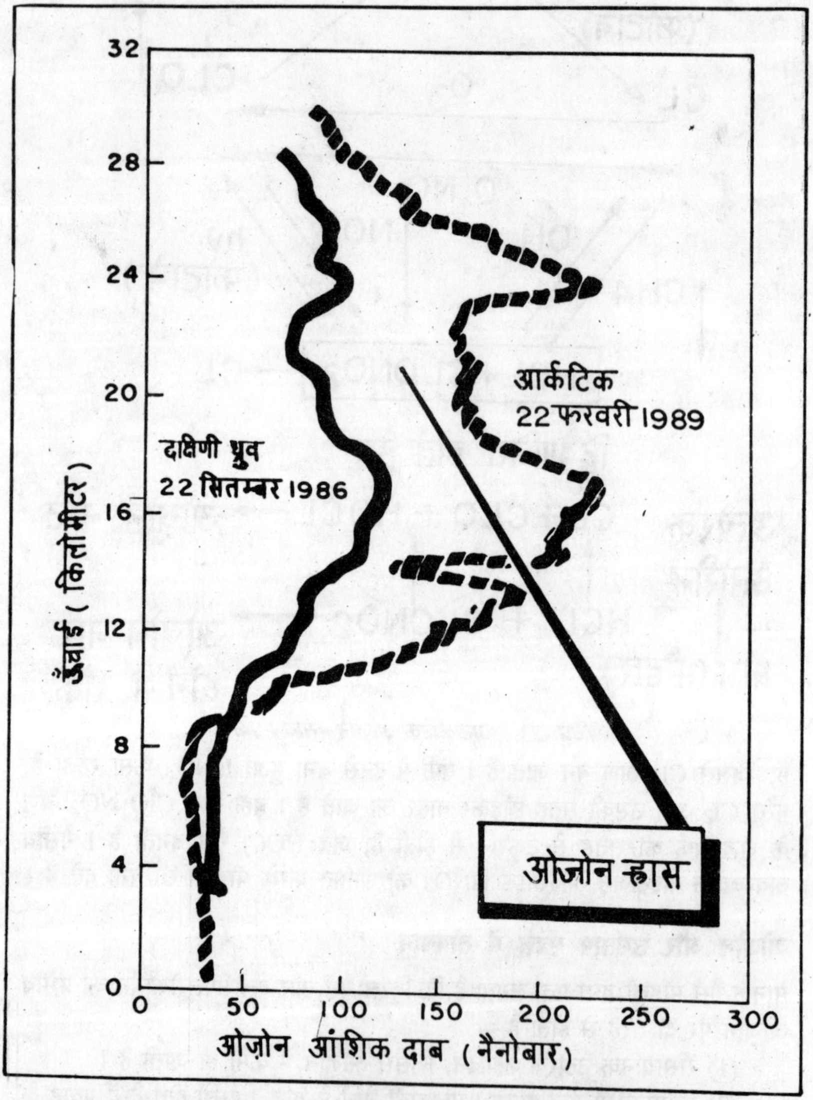

चित्र -24 : आर्कटिक एवं अंटार्कटिक ओज़ोन में परिवर्तन (1986, 1989)

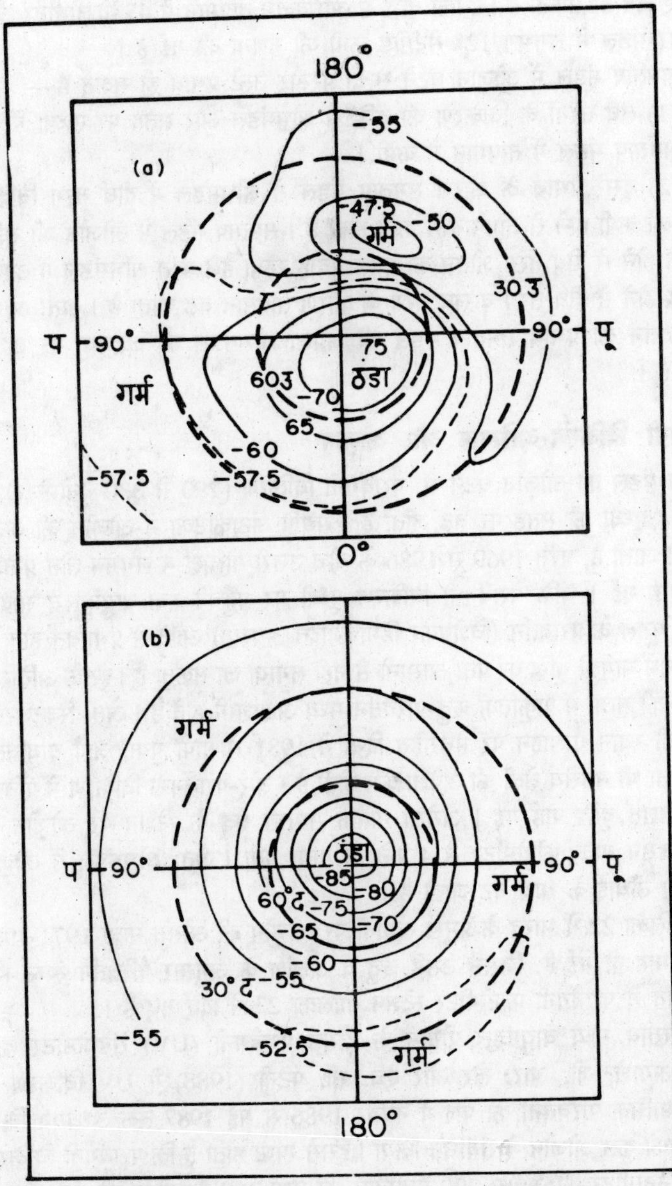

चित्र -25 : आर्कटिक एवं अंटार्कटिक क्षेत्र में तापमान

कारण समताप मंडल में तापमान कम हो जाता है, जिससे ओज़ोन को कम करनेवाली क्रियाएँ कम हो सकती हैं। इनकी वृद्धि से अधिकतम तापमान में 45 किलोमीटर ऊँचाई में स्थिर मंडल में लगभग 12° सेंटीग्रेड कमी की गणना की गई है।

समताप मंडल में ओज़ोन घटने से दो परस्पर उल्टे प्रभाव हो सकते हैं—

(1) लघु तरंगों के विकिरण की वृद्धि से क्षोभमंडल और सतह पर ऊष्मा में वृद्धि और समताप मंडल में तापमान में कमी।

(2) दूसरे प्रभाव के कारण समताप मंडल से क्षोभमंडल में दीर्घ तरंग विकिरण प्रवाह की कमी होने से तापमान में कमी होती है। समताप मंडल में ओज़ोन की सांद्रता में कमी होने से दीर्घ तरंग शीतन का प्रबल प्रवाह रहता है। परंतु क्षोभमंडल में ओज़ोन में वृद्धि होने से दीर्घ तरंग व लघु तरंग के कारण तापमान बढ़ जाता है। अतः ओज़ोन में परिवर्तन का प्रभाव समताप मंडल की अपेक्षा क्षोभमंडल की जलवायु पर अधिक पड़ता है।

पराबैंगनी विकिरण-अभिवाह और ओज़ोन

समताप मंडल की ओज़ोन घटने से, पराबैंगनी विकिरण (290 से 330 नैनोमीटर) का अभिवाह पृथ्वी की सतह पर बढ़ जाता है। यद्यपि अंटार्कटिका में ओज़ोन की अत्यंत कमी हो जाती है, परंतु 1969 से 1986 के बीच उत्तरी गोलार्द्ध में लगभग तीन प्रतिशत कमी पाई गई। चूंकि पराबैंगनी विकिरण पृथ्वी पर पहुँचने तक वायुविलय सांद्रता, बादल, भूतल के परावर्तन (विशेषकर हिमाच्छादित अवस्था) आदि से प्रभावित होती है, अतः इसमें मामूली वृद्धि का पता आसानी से नहीं लगाया जा सकता है। इसके अतिरिक्त ओज़ोन की मात्रा में प्राकृतिक ऋतु-परिवर्तन मध्य अक्षांश में होते हैं। अतः स्विट्ज़रलैंड के पहाड़ी स्थान एल्पाइन पर मेघरहित दिनों में 1981 से मापा गया, जहाँ वायुविलय की सांद्रता भी नगरीय क्षेत्रों की अपेक्षा कम होती है। सौर-पराबैंगनी विकिरण में प्रतिवर्ष एक प्रतिशत वृद्धि पाई गई। अरोसा नामक समतल क्षेत्र के स्टेशन पर ओज़ोन का ह्रास डाबसन स्पेक्ट्रोफोटोमीटर से 4 प्रतिशत पाया गया। अतः क्षोभमंडल में ओज़ोन की मात्रा ऊँचाई के साथ घट जाती है।

तालिका 22 में भारत के प्रमुख स्टेशनों पर ओज़ोन की औसत मात्रा 1971-1980 में प्रति माह दी गई है, जिससे उसमें ऋतु व अक्षांश के अनुसार परिवर्तन स्पष्ट होते हैं। भारत में पराबैंगनी फोटोमीटर स्टेशन तालिका 23 में दिए गए हैं।

भारतीय मध्य वायुमंडल प्रोग्राम के दौरान पराबैंगनी (UV) रेडियोमीटर द्वारा वी.वी. अगाशे, जी. आर. खेर और एच. सी. पटनी (1988) ने UV विकिरण के दैनिक, मासिक परिवर्तनों का पुणे में नवंबर 1986 से मई 1987 तक अध्ययन किया और उसको कुल ओज़ोन से संबंधित किया। इससे स्पष्ट होता है कि पराबैंगनी विकिरण में 310 नैनोमीटर की अपेक्षा 290 नैनोमीटर पर तथा 300 नैनोमीटर की अपेक्षा 290

नैनोमीटर पर अधिक परिवर्तन (विचलन) पाए गए, जो दैनिक ओज़ोन तथा वायुविलय के कारण हो सकते हैं। UV तीव्रता सबसे अधिक नवंबर तथा दोपहर में पाई गई। त्रिवेंद्रम में UV का विकिरण पृथ्वी पर समाप्त करनेवाली दैर्घ्य तरंग 295.6 नैनोमीटर पाई गई।

मांट्रियल प्रोटोकॉल (प्रलेख)

1987 में 59 राष्ट्रों ने मांट्रियल प्रोटोकॉल द्वारा समझौता किया, जिसके अनुसार 1998 तक क्लोरोफ्लूरोकार्बन का प्रयोग 50 प्रतिशत घटकर 2000 ई. तक 100 प्रतिशत रह जाएगा। भारत ने इस समझौते पर विभिन्न पहलुओं को देखकर हस्ताक्षर नहीं किए। क्लोरोफ्लूरोकार्बन विश्व में प्रतिवर्ष 5,00,00 टन प्रयोग की जाती है जिसका 71 प्रतिशत भाग अमेरिका, जापान और यूरोप में किया जाता है। भारत में इसका उत्पादन प्रतिवर्ष 3000 टन है। अतः यद्यपि 0.6 किलोग्राम भूमंडलीय औसत की अपेक्षा भारत में 0.0003 किलोग्राम प्रति कैपिटा उपयोग होता है, परंतु समझौते के अनुकूल इसको 50 प्रतिशत कम करना पड़ेगा, जिससे आर्थिक व तकनीकी समस्याएँ उत्पन्न हो जाएँगी। कई विकासशील देश भी इससे सहमत हैं। तालिका 24 में भारत में ओज़ोन ह्रासक पदार्थों के उपयोग तथा प्रस्तावित विकल्प दिए गए हैं।

आजकल प्रश्न उठाया जा रहा है कि ओज़ोन की परत को बचाने के लिए कितना खर्च होगा? विकासशील देशों में रेफ्रीजरेटर के प्रयोग से जो क्लोरोफ्लूरोकार्बन निकलती है और ओज़ोन को नष्ट करती है, उसे किसी दूसरे शीतलन पदार्थ से बदलने में कई करोड़ डालर खर्च होंगे। इस दिशा में क्लोरोफ्लूरोकार्बन के स्थान पर प्रयोग होनेवाले पदार्थों पर अनुसंधान किए जा रहे हैं, जिसमें ब्यूटेन व प्रोपेन जैसे सस्ते हाईड्रोकार्बन भी सम्मिलित हैं। इलेक्ट्रानिक्स उद्योग में प्रिंटेड सर्किट बोर्ड को स्वच्छ करने वाले शोधन पदार्थों पर भी प्रयोग किए जा रहे हैं, जिससे ओज़ोन की परत को कम हानि पहुँचे।

अनुमान किया गया है कि यदि विश्व-भर के सभी राष्ट्रों द्वारा ओज़ोन नष्ट करनेवाले पदार्थों को 5 से 10 प्रतिशत कम कर दिया जाए तो अंटार्कटिक ओज़ोन छिद्र अगले 100 वर्ष तक बना रहेगा। दूसरी ओर विकासशील देशों में क्लोरोफ्लूरोकार्बन का प्रयोग बढ़ रहा है। भारत में 74 प्रतिशत क्लोरोफ्लूरोकार्बन का उपयोग रेफ्रिजरेटर में होता है। अतः भारत मांट्रियल प्रोटोकॉल पर तभी हस्ताक्षर करने को तैयार होगा, जब CFC बदलने के लिए आर्थिक सहायता दी जाए। दूसरी ओर इंग्लैंड की आई सी आई कंपनी जो सबसे अधिक CFC बनाती है, नए पदार्थों के प्रयोग के विरुद्ध है, क्योंकि उसके अनुसार CFC व ओज़ोन-ह्रास के संबंध को पूरी तरह प्रमाणित नहीं किया जा सकता।

तालिका 22

भारतीय स्टेशनों पर कुल ओजोन (मासिक), (1971-1980)
(भारत मौसम विज्ञान विभाग)

नं.	स्टेशन	जनवरी	फरवरी	मार्च	अप्रैल	मई	जून	जुलाई	अगस्त	सितम्बर	अक्टूबर	नवंबर	दिसंबर
1.	दिल्ली	273.9	285.0	291.3	297.4	300.2	296.3	281.9	276.5	277.9	276.0	266.8	268.2
2.	वाराणसी	270.7	280.2	285.5	293.7	300.6	295.6	281.6	275.3	277.5	277.3	269.9	265.8
3.	पुणे	244.3	253.6	260.6	272.0	284.8	281.1	272.9	269.5	267.0	263.4	251.2	257.1
4.	कोडईकनाल	248.6	251.7	257.4	272.0	279.4	281.2	276.7	276.5	273.7	270.3	258.9	252.3
5.	श्रीनगर	308.0	321.7	318.2	308.8	310.8	299.4	292.7	288.3	288.6	281.4	279.4	297.5

तालिका 23

पराबैंगनी फोटोमीटर स्टेशन

नं.	संस्थान	स्थान
1.	राष्ट्रीय भौतिक प्रयोगशाला, नई दिल्ली	28.37° उ. 77.10° पू.
2.	भारत मौसम विज्ञान विभाग, शिलांग	25.34° उ. 91.53° पू.
3.	भारत मौसम विज्ञान विभाग, जोधपुर	26.18° उ. 73.01° पू.
4.	पुणे विश्वविद्यालय पुणे	18.32° उ. 73.51° पू.
5.	वाल्टेयर विश्वविद्यालय, विशाखापट्टनम्	17.43° उ. 83.14° पू.
6.	मैसूर विश्वविद्यालय मैसूर	12.20° उ. 76.40° पू.
7.	भूविज्ञान अध्ययन संस्थान, त्रिवेंद्रम	8.29° उ. 76.57° पू.

तालिका 24

भारत में ओजोन-ह्रास पदार्थों के उपयोग व प्रस्तावित विकल्प

नं.	क्षेत्र	वर्तमान उपयोग	खपत (टन) (1989)	विकल्प	भारत में उपलब्धि	प्रथम उपस्थापन (भारत में)	पूर्ण उपस्थापन
1.	रेफ्रीजरेशन						
	(1) घरेलू रेफ्रीजरेशन	CFC 12	203	HFC 134 (अ)	1992/1997	1995	1998
	(2) जल शीतलक, बर्फ कैंडी मशीन आदि	CFC 12	434	HFC 134	1992 /1997	1995	2004
	(3) फ्रिज फोम	CFC 11	193	HCFC 123	1992/1997	1993	1998
2.	वातानुकूलन						
	(1) कमरे	CFC 12, HCFC 22	231,521	HCFC 22	अभी	1991	2000
	(2) पैकेज	HCFC 22	48	HCFC 22	अभी		
	(3) केंद्रीय (अ) परस्परता	CFC 12, HCFC 22	314.020	HCFC 22	अभी	1991	1995
	(ब) अपकेन्द्री	CFC 11	108	HCFC 123	1992/1997	1993	2002
3.	चलती-फिरती						
	(क) कार	CFC 12	110	HFC 134 (अ)	1992/1997	1995	2002
	(ख) बसें, ट्रेन	CFC 12	49	HFC 134 (अ)	1992/1997	1995	2002
	(ग) पानी के जहाज	HCFC 22	69	HCFC 22	अभी		
4.	फोम						
	(1) मुलायम पालीयूरेथेन	CFC 11	631	HCFC 123	1992/1997	1993	1998

(2) कड़ी पालीयूरेथेन	CFC 11	35	खनिज फाइबर आदि	अभी	1992	2001
(3) फ्रोनोलिक	CFC 11,113	149	HCFC 123	1992/1997	1993	1998
(4) पाली ओलियोफिनिक	CFC 12	117	HFC 134 (अ)	1992/1997	1993	1998
(5) पालीस्ट्रीन	CFC 12	1	पेंटेन	अभी	1995	1995
5. वायुविलय						
(1) साँस से खींचने वाली औषधि	CFC 11,12	1717	HFC 134 (अ)	1992/1997	1997	2000
(2) दूसरे प्रयोग	CFC 11,12	340/345	प्रोपेन, ब्यूटेन	अभी	1991	2000
6. धोने के लिए						
(1) इलेक्ट्रोनिक्स	MC, CFC 113		जल आधारित	अभी	1993	2002
(2) कंप्यूटर डिस्क	CFC 113	75	HCFC 123	1992/1997	1993	2002
(3) धातु सफाई	मैथाइल क्लोरोफार्म	1466	जल आधारित	अभी	1993	2002
(4) धातु डुबोकर सफाई	कार्बन टेट्रा-क्लोराइड	808	जल आधारित	अभी	1993	2002
7. दमकल						
(1) सुवाह्य	हैलोन 1211	205	—	—	—	—
(2) स्थिर जलमग्नता एकक	हैलोन 1301	168	—	—	—	—
8. विलायक कीटाणुनाशक व दूसरी औषधि, पेंट	कार्बन टेट्राक्लोराइड	1275	दूसरे विलायक	अभी	1993	2002

(विज्ञान तथा औद्योगिक अनुसंधान परिषद की रिपोर्ट)

अमेरिका व अन्य देशों में CFC के स्थान पर हैलोजेनेटेड हाईड्रोकार्बन (HCFC) का प्रयोग करने पर विचार हो रहा है, जिनमें क्लोरीन की मात्रा कम होती है, जिससे कम ओज़ोन नष्ट होगी। HCFC के प्रयोग से एक और भी लाभ है। वह CFC की तुलना में कम स्थायी होते हैं, अतः ओज़ोन की परत तक पहुँचने से पहले ही नष्ट हो जाते हैं। परंतु यह CFC की अपेक्षा तीन से पाँच गुना अधिक महँगे होंगे।

HFC और HCFC के विकल्पों पर, जो सस्ते हैं, अनुसंधान हो रहा है। लंदन की साउथ बैंक पोलीटेकनीक के अनुसार पिछले 6 महीनों से एक रेफ्रीजरेटर में प्रोपेन शीतलन के प्रयोग पर अनुंसधान चल रहा है। प्रोपेन प्रयोग करने से शीतलन की मात्रा भी आधी लगती है। परंतु यदि यह टपकने लगे तो फ्रिज फट सकता है, जिससे एक बच्चे की मृत्यु तक हो सकती है। आजकल आधुनिक प्रणाली में प्रोपेन को इतना कस कर सील किया जाता है कि भयंकर आग ही उसे नष्ट कर सकती है। इस प्रकार की आग CFC द्वारा चालित फ्रिज को भी नष्ट कर देगी, जिससे कहीं अधिक हानिकारक फास्जीन गैस भी निकलती है। बड़े पैमाने पर इथाइलीन को शुद्ध करने के लिए भी प्रोपेन को शीतलन की तरह इस्तेमाल करते हैं, अतः बड़ी इमारतों को वातानुकूलित करने के लिए भी इसका प्रयोग किया जा सकता है। नार्वे की एक संस्था ने अमोनिया को शीतलन की तरह उपयोग करने की सलाह दी है, परंतु इसके लिए सुरक्षा उपायों को ध्यान में रखकर इसकी लागत बहुत बढ़ जाती है, क्योंकि यह ज्वलनशील और विषैली होती है।

30 जून, 1990 को इंग्लैंड में मांट्रियल समझौते से संबंधित संयुक्तराष्ट्र पर्यावरण संरक्षण सम्मेलन हुआ, जिसके अनुसार 1995 तक CFC में 50 प्रतिशत कमी करनी पड़ेगी। उसके बाद 1997 तक इसमें 85 प्रतिशत कटौती कर दी जाएगी। इसके अतिरिक्त हैलोन गैसों का, जो आग बुझाने में प्रयोग की जाती हैं और ओज़ोन की क्षति करती हैं, इस्तेमाल 1995 तक 50 प्रतिशत और 2000 ई. तक पूरी तरह बंद कर दिया जाएगा। परंतु यह प्रतिबंध वायुयानों, कम्प्यूटरों और स्वास्थ्य संबंधी आग बुझानेवाले उपकरणों पर नहीं लागू होगा। कार्बन टेट्राक्लोराइड में 1995 तक 85 प्रतिशत तथा 2000 ई. तक पूरी कटौती कर दी जाएगी। क्लोरोफार्म का इस्तेमाल 2000 तक 70 प्रतिशत और 2005 तक पूरी तरह बंद कर दिया जाएगा।

लंदन में हुए सम्मेलन में यह समझौता हुआ कि 2400 लाख डालर का एक विशेष कोष खोला जाए, जिसको स्थापित करने के लिए अमेरिका, विश्वबैंक और संयुक्तराष्ट्र पर्यावरण संरक्षण आदि प्रमुख योगदान दें। इससे विकासशील देशों को पहले तीन वर्षों में सहायता हेतु धनराशि दी जाएगी, ताकि वे देश ओज़ोन-ह्रास को नए पदार्थों के उत्पादन द्वारा रोक सकें। भारत सरकार की ओर से इस सम्मेलन में श्रीमती मेनका गाँधी, भूतपूर्व पर्यावरण एवं वन राज्य-मंत्री ने भाग लिया, जिनके प्रयास से विकसित देश विश्वकोष के लिए तैयार हो सके। चीन और भारत की यह एक बड़ी सफलता

मानी गई। इसके अनुसार फ्रिज में CFC के स्थान पर नए पदार्थ का इस्तेमाल करके ओज़ोन की क्षति को रोका जा सकेगा।

पहले भी भूतपूर्व प्रधानमंत्री श्री राजीव गांधी ने पर्यावरण के रक्षार्थ 'धरती रक्षा कोष' बनाने का सुझाव दिया था जिसका इंग्लैंड को छोड़कर सभी देशों ने मुक्त कंठ से स्वागत किया। स्पष्ट है कि जून 1990 में इंग्लैंड सम्मेलन में भारतीय दृष्टिकोण को कार्यान्वित करने में सहायता मिली है, परंतु अपने औद्योगिक विकास व आत्मनिर्भरता के लिए अनुसंधानों पर अधिक ध्यान देना होगा।

मांट्रियल समझौते का दूसरा दृष्टिकोण जलवायु-परिवर्तन के संबंध में था। क्लोरोफ्लूरोकार्बन पृथ्वी द्वारा निष्कासित अवरक्त विकिरण को दक्षतापूर्वक फाँस लेते हैं, जिससे 'ग्रीन हाउस प्रभाव' में भूतल के पास ऊष्मता बढ़ जाती है। तालिका 25

तालिका 25

क्लोरोफ्लूरोकार्बन के मांट्रियल प्रोटोकॉल के अनुसार नियंत्रित विशिष्टता

यौगिक	उत्पादन (किलोटन) 1986	वृद्धि-दर (प्रतिशत प्रतिवर्ष)	जीवन काल (वर्ष)	रूपांतरण गुणांक (टन से भाग प्रति 10^7 लाख)	सांद्रता (भाग प्रति 10^7 लाख)	आपेक्षिक ओज़ोन ह्रास क्षमता	आपेक्षिक ग्रीन हाउस उष्णता
CFC-11 ($CFCl_3$)	401.2	5.0	75	$.041 \times 10^{-6}$	0.234	1.0	0.87
CFC-12 (CF_2Cl_2)	497.8	4.0	110	$.046 \times 10^{-6}$	0.395	1.0	1.0
CFC-113 ($C_2F_3\ Cl_3$)	157.8	4.0	90	$.032 \times 10^{-6}$	0.054	0.8	1.42
CFC-114 ($C_2F_4\ Cl_2$)	14.9	4.0	180	$.033 \times 10^{-6}$	0.020	1.0	1.60
CFC-115 ($C_2F_5\ Cl$)	4.9	4.0	380	$.037 \times 10^{-6}$	0.006	0.6	1.20

नोट : इस तालिका में क्लोरोफ्लूरोकार्बन की वार्षिक वृद्धि तालिका 31 से कुछ भिन्न है, जिसका कारण विभिन्न प्रकार के मॉडलों का प्रयोग है।

में उन्हीं क्लोरोफ्लूरोकार्बन का प्रभाव दिखलाया गया है जो मांट्रियल प्रोटोकॉल के अंतर्गत नियंत्रित किए जाएँगे। मॉडलों द्वारा निम्नलिखित परिणाम पाए गए (डब्ल्यू. बैंक और ए. के. जैन, 1990)—

(1) नियंत्रण न करने पर सार्वभौमिक औसत ऊष्मता 1985 की अपेक्षा 2050 में 16 गुना बढ़ जाएगी।

(2) प्रोटोकॉल के अनुसार वर्तमान नियंत्रणों द्वारा ऊष्मता घट जाएगी, परंतु फिर भी 1985 की अपेक्षा 2 से 9 गुना अधिक तापमान बढ़ाएगी।

(3) मांट्रियल प्रोटोकॉल के अनुसार क्लोरोफ्लूरोकार्बन के नियंत्रित उपयोग से

1986 की अपेक्षा 2050 में संतुलन सतही तापमान 9 से 18 प्रतिशत कम हो जाएगा, यदि 1996 या 2000 ई. तक उनका उपयोग समाप्त कर दिया जाए।

(4) पाँचों प्रकार के क्लोरोफ्लूरोकार्बन जो प्रोटोकॉल में सम्मिलित हैं, उनका प्रयोग 2000 वर्ष तक समाप्त करके संतुलन सार्वभौमिक ऊष्मता 3.35°C से घटकर 1.17°C रह जाएगी, यदि सभी विरल गैसों का ग्रीन हाउस प्रभाव लिया जाए।

यहाँ यह स्पष्ट करना आवश्यक है कि सार्वभौमिक जलवायु पर कार्बन टेट्राक्लोराइड आदि रासायनिक पदार्थों का भी काफी प्रभाव पड़ सकता है, जिसकी चर्चा आठवें अध्याय में की जाएगी।

अध्याय-7

अम्ल-वर्षा

'अम्ल-वर्षा' का तात्पर्य वायुमंडल में सभी प्रकार के अम्ल के इकट्ठा होने से है, जिससे वृक्षों, इमारतों, मछलियों आदि को हानि होती है। इसका लगभग दो-तिहाई (2/3) भाग गैसों और सूक्ष्म कणों में शुष्क अवस्था में होता है और लगभग एक तिहाई भाग वर्षा (तथा हिमपात) के साथ पृथ्वी पर वापस आता है। इस अध्याय में अम्ल के नम भाग की विस्तृत चर्चा की जाएगी, जिसमें वर्षा/हिमपात की अम्लता और रासायनिक संयोजन, रसायनशास्त्र द्वारा वर्षा जल में चट्टानों और मिट्टी के रिसने में परिवर्तन सम्मिलित है। झरने और झीलों के जलीय जीवन पर पानी के विषैले प्रभाव का वर्णन चौथे अध्याय में किया जा चुका है।

अम्ल-वर्षा का इतिहास

अम्ल-वर्षा की घटना (जिसे अम्ल-जमाव कहना अधिक उचित होगा) सबसे पहले 1852 ई. में मैनचेस्टर, इंग्लैंड में पाई गई। 1872 ई. में राबर्ट आगंस स्मिथ ने पूरे इंग्लैंड में इससे संबंधित अध्ययन एक पुस्तक में प्रकाशित किया। धीरे-धीरे इंग्लैंड के कुछ और नगरों में अम्ल-वर्षा के उदाहरण बढ़ते गए। 1955 ई. में स्कैंडिनेविया में अम्ल-वर्षा पाई गई। कनाडा में भी झीलों में सल्फर डाइआक्साइड (धातु-कारखानों से निकली हुई) के कारण अम्लीकरण पाया गया। 1968 में स्वीडेन के ओडेन नाम वैज्ञानिक द्वारा किए गए अनुसंधानों से यह स्पष्ट हो गया कि अम्ल के इकट्ठा होने से पर्यावरण में संकट उत्पन्न हो जाएगा। बाद में यह एक अंतर्राष्ट्रीय समस्या के रूप में उभर आई है।

वर्षा में अम्लता होगी या क्षारता, इसका पता लगाने के लिए हम यह अध्ययन करते हैं कि इन दोनों प्रकार के पदार्थों का आयन समतुलन वर्षा-जल में कितना है ? इसमें निम्नलिखित प्रमुख अम्ल व क्षार पाए जाते हैं—

अम्ल

(1) सल्फर डाइऑक्साइड

(2) नाइट्रोजन ऑक्साइड (NO, NO_2, N_2O_5)

(3) क्लोराइड

(4) कार्बन डाइऑक्साइड

क्षार

(1) अमोनिया

(2) मिट्टी से उत्पन्न कण, जैसे कैलशियम (Ca^{++}), मैगनीशियम (Mg^{++}), सोडियम (Na^{+}) और पोटेशियम (K^{+}), जिनसे अम्ल पदार्थ जल्दी ही उदासीन हो जाते हैं।

क्लोराइड व अमोनिया पदार्थ अधिक सक्रिय नहीं होते हैं।

इनका पता लगाने के लिए हम जल का पी एच (PH) मापते हैं, जिसकी परिभाषा एक नमूने (सेम्पल) में (ऋण लघु) हाइड्रोजन आयन सांद्रता होती है। उदासीन जल में pH का मान 5.65 होता है। यदि PH का मान इससे कम पाया गया तो अम्लता होती है और इससे अधिक हो तो क्षारीय।

रासायनिक रूपांतरण

जैसा हम जानते हैं कि प्राकृतिक और मानवीय कार्यों से गैसें, वाष्प और धुंध आदि के कण उत्पन्न होते हैं। वे सभी वायुमंडल में इकट्ठा होते रहते हैं। उत्सर्जित प्रदूषक वायुमंडलीय गतिविधियों के कारण एक स्थान से दूसरे स्थान पर पहुंचते हैं, जैसा कि हम विद्युत स्टेशन से निकलते हुए धुएँ को एक शंकुफल (कोन) के रूप में हवा के साथ फैलते हुए देखते हैं। अधिकतर यह पिच्छ वायुमंडलीय परिसीमा-स्तर में एक से दो किलोमीटर ऊँचाई तक ही सीमित रहता है, परंतु कुछ अवस्थाओं में यह बादलों में उड़कर पहुँच जाता है। अम्ल-संग्रहण की अधिकतर मात्रा पृथ्वी पर स्रोत के पास पहुँच जाती है, पर शेष भाग कई सौ किलोमीटर का रास्ता तय करने के दौरान SO_2 और NOx ऑक्सीकरण द्वारा सल्फ्यूरिक और नाइट्रिक अम्ल में बदल जाती है या गैसीय प्रतिक्रियाओं अथवा अधिक प्रभावशाली विधि से मेघ और वर्षा की बूँदों में मिलकर अंततः वर्षा या हिमपात के रूप में पृथ्वी पर वापस आ जाती है। यहाँ यह स्पष्ट करना आवश्यक है कि द्रव्य के रूप में रासायनिक प्रतिक्रिया अधिक शीघ्रता से होती है। परंतु चूँकि बादल और वर्षा कुछ ही समय तक रहती है, इसलिए अधिकतर अम्ल, गैस के रूप में परिवर्तित होते रहते हैं।

(क) बादलों एवं वर्षा में द्रवावस्था, क्रियाएँ

(1) सल्फ्यूरिक अम्ल :

$2SO_2 + 2H_2O \rightarrow SO_3^{2-} + HSO_3^{-} + 3H^{+}$

$HSO_3^{-} + H_2O_2 \rightarrow HSO_4^{-} + H_2O$

यहाँ H_2O_2 इस प्रकार बनती है—

$HO_2 + HO_2 \rightarrow H_2O_2 + O_2$

और HO_2 गैस क्रियाओं द्वारा—

जैसे—$OH + CO \rightarrow CO_2 + H$

$H + O_2 + M \rightarrow HO_2 + M$

रूपांतरण की गति बहुत ही तेज होती है। इंग्लैंड आदि देशों में लगभग शत-प्रतिशत प्रति घंटा ग्रीष्म ऋतु में, और 20 प्रतिशत प्रति घंटा शीत काल में होती है, यदि O_3, OH, HO_2, H_2O_2 और हाइड्रोजन कार्बन की सांद्रता पर्याप्त मात्रा में हो।

(2) नाईट्रिक एसिड :

$No_2+No_3+M \rightarrow N_2O_5+m$

$N_2O_5+H_2O$(द्रव्य)$\rightarrow 2HNO_3$

यह क्रिया भी शीघ्र गति से होती है, परंतु रूपांतरण की दर का ठीक पता नहीं लग पाया है।

वायुयानों द्वारा मापने से और प्रकाश रासायनिक मॉडलों से यह स्पष्ट हो गया है कि गैसों द्वारा अम्लों के बनने की गति कई बार ऑक्सीकरणकर्ता, हाइड्रोकार्बन और सौर पराबैंगनी विकिरण के पर्याप्त मात्रा में न मिलने के कारण सीमित रह जाती है।

शुष्क वायुमंडल में गैस-क्रियाएँ

(1) सल्फ्यूरिक अम्ल :

$SO_2+OH+M \rightarrow HSO_3+M$

(यहाँ M एक तीसरा निष्क्रिय परमाणु है)

$HSO_3+O_2 \rightarrow HSO_5$

$HSO_5 + H_2O \rightarrow H_2SO_4 + HO_2$

HO इस प्रकार ओज़ोन द्वारा बनती है—

$O_3 + hv$ (फोटान) $\rightarrow O^* + O_2$

$O^* + H_2O \rightarrow 2HO$

वायुयानों की उड़ानों से पता लगाया गया है कि ग्रीष्म ऋतु में प्रतिदिन 16 प्रतिशत के लगभग 16 प्रतिशत ओज़ोन प्रकाश द्वारा बदलती है, जो शीतकाल में घटकर तीन प्रतिशत रह जाती है।

(2) नाइट्रिक अम्ल :

$NO + O_3 \rightarrow NO_2 + O_2$ (शीघ्र)

$NO_2 + OH + M \rightarrow HNO_3 + M$

ग्रीष्म ऋतु में लगभग 20 प्रतिशत प्रति घंटे बदलती है, जो शीतकाल में घटकर तीन प्रतिशत प्रति घंटा रह जाती है। यह परिणाम इंग्लैंड में वायुयानों द्वारा प्राप्त हुए हैं, जो दूसरे देशों में बदल सकते हैं।

वर्षा की अम्लता

सल्फर डाईऑक्साइड, नाइट्रोजन के ऑक्साइड और हाइड्रोकार्बन के उत्सर्जन द्वारा वर्षण में अम्लता के परिवर्तन को देखने के लिए PH, क्षारता और SO_4^{2-}, NO_3^-, HCO_3^- आदि आयनों की सांद्रता का लंबी अवधि के विश्वसनीय, सही और प्रतिनिधित्व माप आवश्यक हैं, जिससे उनमें परिवर्तनों का समय एवं स्थान के साथ अध्ययन हो सके। इस कसौटी पर कुछ ही माप पूरी तरह उतरते हैं। नमूने संग्रहण भंडार, परिवहन, वाष्पन आदि के कारण दूषित हो जाते हैं और वाष्पन व जीव-क्रिया के प्रभाव भी हो जाते हैं। स्वचालित वर्षा एकत्रित करनेवाले यंत्रों द्वारा इस दिशा में कुछ सुधार हुआ है, परंतु विश्लेषण-पद्धति, अंतर्तुलना व अंतर्अंशांकन पर अधिक ध्यान देने की आवश्यकता है।

जैसा कि पहले बतलाया गया है, अदूषक जल में pH का मान कार्बन डाइऑक्साइड के संतुलन में 5.6 पाया गया है। कई क्षेत्रों में जैसे हवाई द्वीप, दक्षिण हिंद महासागर और ध्रुवीय स्थानों में pH का औसत 5.0 या उससे कम पाया जाता है। इससे स्पष्ट है कि अम्लीय प्रदूषकों के स्रोत समुद्री झाग और जीवीय क्रियाओं द्वारा उत्पन्न सल्फर मिश्रण है। 1970 से 1980 में इंग्लैंड में औसत pH का मान 4.2 से 4.5 लगभग सभी स्थानों पर पाया गया। देश के पूर्वी भाग में वर्षा में अधिक अम्लता पाई गई, जिस ओर औद्योगिक संस्थानों के प्रदूषक हवा द्वारा पहुँचते थे। इनका मान दक्षिणी स्कैंडिनेविया के समान ही थे।

दीर्घावधि के बहुत ही कम विश्वसनीय रिकार्ड मिलते हैं, जिनसे वर्षण की अम्लता की प्रवृत्ति निर्धारित की जा सकती है। परंतु क्यूम्ब्रिया की फ्रेश वाटर नीव संस्था ने शायद सबसे अच्छा अभिलेख रखा है, जिससे पता लगता है कि 1955 से 1975 का pH का वार्षिक औसत मान लगभग 4.4 था। इस काल में कुल सल्फेट का संग्रहण करीब एक- सा ही रहा। इंग्लैंड में SO_2 और NOx को मिलाकर इनकी मात्रा में कुछ ही वृद्धि हुई और कुल सल्फर- संग्रहण स्थानीय स्रोतों से ही आता है। पिटलोचरी की फ्रेशवाटर मत्स्य- प्रयोगशाला से कुछ प्रमाण मिले हैं, जिनसे पता लगता है कि वर्षा की अम्लता 1979 से 1984 में कुछ कम हुई है, क्योंकि pH लगभग 0.2 इकाई बढ़ा है। यह सल्फर डाइऑक्साइड उत्सर्जन में 34 प्रतिशत कमी के कारण हुआ। 1973 से 1986 तक pH 4.2 से 4.7 बढ़ गया, क्योंकि इस दौरान इंग्लैंड में SO_2 का उत्सर्जन 36 प्रतिशत घट गया।

यूरोप में भी दीर्घावधि के अभिलेखित मापों में विश्वसनीयता की कमी है। कुछ स्थानों में वर्षण की अम्लता में तीव्र वृद्धि हुई, परंतु उसी काल में मापने की तकनीक में भी परिवर्तन हुआ। कुछ प्रमाणों से स्पष्ट होता है कि 1955 से 1970 ई. तक अम्लता में क्रमशः वृद्धि होती गई। उसी समय यूरोप में SO_2 में दुगना उत्सर्जन हुआ। परंतु

1980 से वर्षा के पानी में अम्लता और सल्फेट में कमी हुई, क्योंकि SO_2 के उत्सर्जन में कमी हुई थी।

इंग्लैंड में वर्षा- अम्ल और सल्फेट की मात्रा में वार्षिक औसत के मान से ऋतुओं के अनुसार परिवर्तन छिप जाते हैं। ग्रीष्मकाल में जब उत्सर्जन बहुत कम होता है, तब उनका मान सबसे अधिक पाया जाता है। इसका कारण शायद यह है कि ग्रीष्म काल में SO_2 और NOx का अम्ल में परिवर्तन O_3, OH, H_2O_2 जैसे ऑक्सीडेंट की प्राप्यता पर सीमित है।

मध्य महाद्वीपीय संयुक्त राज्य अमेरिका में फयवे विले नामक स्थान पर वर्षा और हिम- वृष्टि में धन आयन (C) व ऋण आयन (A) के समतुल्य अनुपात का अध्ययन करके निम्न परिणाम निकले—

1. सामान्य वर्षा (83 प्रतिशत वर्षण) में C/A का अनुपात 0.85 से 1.15 होता है। $0.85 \leq C/A \leq 1.15$ के बाहर के मान को असंगत समझा गया।

2. सामान्य वर्षा के घटकों में तीन अवलय पाए जाते हैं। अमोनियम सल्फेट 52 प्रतिशत, कैलशियम नाइट्रेट 28 प्रतिशत और सोडियम क्लोराइड 6.3 प्रतिशत। इनमें नाइट्रिक अम्ल व लाइम स्टोन (चूना) के धुंध की क्रिया से कैलशियम नाइट्रेट बनता है।

3. अमोनियम नाइट्रेट, नाइट्रिक अम्ल, कैलशियम सल्फेट और खनिज कार्बोनेट परस्पर एक दूसरे के प्रभाव को कम करते हैं। इससे अमोनियम सल्फेट व कैलशियम नाइट्रेट का दीर्घ काल तक प्रभाव रहता है।

4. ऋतु के अनुसार वसंत और ग्रीष्म ऋतु में सभी आयन अधिक मात्रा में पाए जाते हैं। $SO^{2-}{}_4/NO_3^-$ के अनुपात शीतकाल में 2.3, ग्रीष्म में 1.8 और बाकी दोनों ऋतुओं में 2.0 पाए जाते है।

1988 में उष्ण कटिबंधीय पश्चिमी प्रशांत क्षेत्र में वर्षा के नमूने इकट्ठा करके निम्न परिणाम निकले—

(1) 46 नमूनों में अम्लता पाई गई, जिसका औसत मान 5.3 था। पी एच का मान 3.86 से 7.02 के बीच था और आयतन भारिक औसत 5.05 था।

(2) यदि समुद्री तरंग की ऊँचाई अधिक होने पर पी एच का मान बढ़ जाता है तो स्पष्ट होता है कि समुद्र पर वर्षा- जल का संबंध वर्षा की तीव्रता पर निर्भर नहीं करता।

(3) समुद्री वर्षा को दो वर्गों में विभाजित किया गया—

(क) समुद्री (मेरीटाइम) वर्षा

(ख) महाद्वीपीय वर्षा

समुद्री वर्षा- जल में पी एच 5.73 (5.47 से 7.02) पाया गया, जो अम्लीय नहीं था। इसके विपरीत महाद्वीपीय वर्षा- जल में पी एच 4.8 (3.80 से 5.59) निकला, जो अम्लीयता का द्योतक था।

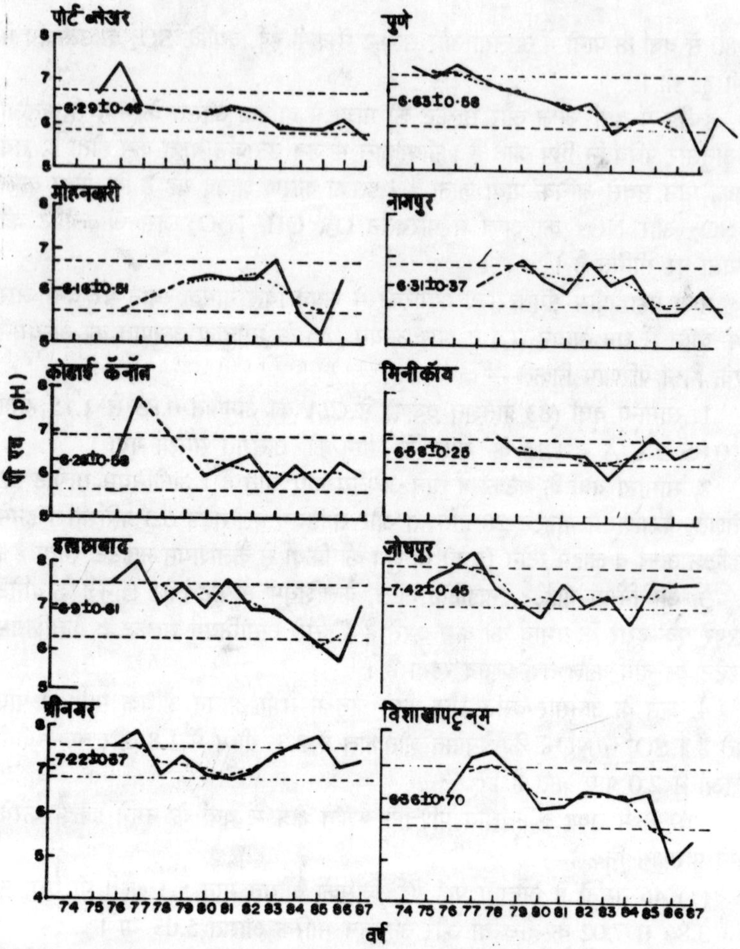

चित्र-26 पी०एच० का वार्षिक परिवर्तन (बैपमान स्टेशनों पर)

भारत में अम्ल-वर्षा

इस संबंध में भारत में मुख्यतः तीन प्रकार से प्रेक्षण किए जाते हैं—

(1) 1976 में वायुमंडलीय आविलता-मापन के लिए भारत मौसम विज्ञान विभाग द्वारा दस बैपमान (Bapmon) स्टेशन विश्व मौसम संस्थान (WMO) के अंतर्राष्ट्रीय प्रोग्राम के अनुसार निम्नलिखित स्थानों में शुरू किए गए—

1. श्रीनगर, 2. जोधपुर, 3. इलाहाबाद, 4. नागपुर, 5. डिब्रूगढ़, 6. पुणे, 7. विशाखापट्टनम्, 8. कोडईकनाल, 9. मिनीकॉय, 10. पोर्टब्लेयर।

इन स्टेशनों में वेधशालाओं का चयन इस प्रकार किया गया कि वे औद्योगिक और वाहनों द्वारा प्रदूषण से दूर स्थान पर स्थापित किए जाएँ, जिससे पृष्ठाधार वायु-प्रदूषकों का सही मान निकल सके। परंतु बढ़ते हुए वाहनों और औद्योगीकरण के कारण कुछ स्थानों के मान दूषित हो रहे हैं। इनमें पानी की बौछार पड़ते ही विशेष पालीएथाइलीन बोतलों में वर्षा-जल एकत्रित करके पूना वेधशाला में विश्लेषण करते हैं।

चित्र-26 में पी एच के औसत वार्षिक मान (1974-1987) भारत मौसम विज्ञान विभाग के दस बैपमान स्टेशनों पर दिखलाया गया है। इस अवधि का औसत मान बाईं ओर चित्र में लिखा गया है तथा इसका मानक विचलन (O^6) दो समानांतर टूटी रेखाओं द्वारा दिखलाया गया है। एच. एन. श्रीवास्तव, एस. वी. दातार तथा बी. मुखोपाध्याय (1990) ने इनका सांख्यिकी सार्थकता-परीक्षण करके निम्नलिखित परिणाम निकाले—

1. उत्तरी भारत के तीन स्टेशनों में से, श्रीनगर व जोधपुर में pH का मान अधिकतर मानक विचलन के भीतर ही रहता है। परंतु इलाहाबाद में यह 1986 तक निरंतर घटकर ऋण मानक विचल (_6) के बाहर निकल गया था, परंतु फिर भी इसका मान अम्लीय सीमा (पी एच=5.65) से अधिक था। उसके बाद इसका मान फिर से बढ़ गया।

2. नागपुर, मोहनबारी (डिब्रूगढ़) एवं विशाखापट्टनम् में भी पी. एच. का मान एक मानक विचलन के भीतर ही सीमित था। यह अम्लीय सीमा में पहुँच गया है।

3. पुणे में पी एच का मान निरन्तर घटता प्रतीत हो रहा था, परंतु पिछले दो वर्षों में यह बढ़कर लगभग 6 पहुँच गया।

4. कोडईकनाल में पी एच का मान क्षारीय सीमा में निरंतर पाया गया।

5. मिनीकॉय में पी एच में सबसे कम परिवर्तन पाए गए। यहाँ पर एक मानक विचलन केवल ±0.25 था, जबकि सबसे अधिक विचलन का मान ±0.70 विशाखापट्टनम में पाया गया।

6. पोर्टब्लेयर में, जो कि मिनीकॉय की तरह समुद्र में द्वीप पर स्थित है, पी एच का मान घटकर 1989 में अम्लीय सीमा के आसपास पहुँच गया।

पी एच का मान अम्लीय सीमा के आसपास पहुँचने से निम्नलिखित निष्कर्ष निकलते हैं—

1. उद्योग और परिवहन द्वारा उत्पन्न प्रदूषकों का प्रभाव बढ़ने के कारण मोहनबारी, नागपुर, विशाखापट्टनम्, पोर्टब्लेयर में अम्ल-वर्षा की संभावना बढ़ सकती है, जिसके प्रभाव जीव-जंतुओं और वनस्पति पर हानिकारक हो सकते हैं। परन्तु यह विस्तृत क्षेत्र में इन स्थानों पर हो सकती है या नहीं, इसका निर्धारण नहीं किया जा सकता है।

तालिका-26

पी एच, सल्फेट व नाइट्रेट की औसत मात्रा (वर्षा-जल)

स्टेशन	पी एच	सल्फेट*	नाइट्रेट*	पी एच	सल्फेट*	नाइट्रेट*
	(1974-1980)			(1981-1987)		
इलाहाबाद	7.39	0.46	0.22	6.63	0.16	0.99
जोधपुर	7.54	0.73	0.09	7.28	0.50	0.74
कोडईकनाल	6.87	0.21	0.04	6.14	0.17	0.17
मिनीकॉय	7.16	0.17	0.07	6.41	0.19	0.17
मोहनबारी (डिब्रूगढ़)	5.98	0.46	0.38	6.13	0.38	0.37
नागपुर	6.46	0.43	0.25	6.45	0.17	0.46
पोर्टब्लेयर	6.70	0.36	0.06	6.28	0.21	0.21
पुणे	7.09	0.56	0.13	6.18	0.24	0.38
श्रीनगर	7.25	0.32	0.42	7.18	0.41	0.61
विशाखापट्टनम्	6.71	0.73	0.56	6.01	0.51	0.88

* (मिलीग्राम प्रति लीटर)

तालिका-27

भारत में बैपमान स्टेशनों पर औसत वार्षिक वर्षा तोल सांद्रता
(मिलीग्राम प्रति लीटर)
(1974-1985)

स्टेशन	घटक				
	सल्फेट SO_4^-	नाइट्रेट NO_3^-	क्लोराइड Cl^{-1}	कैलशियम (Ca^{+2})	सोडियम (Na^+)
श्रीनगर	1.11 (0.49)	2.33 (2.61)	1.07 (0.39)	4.11 (2.27)	1.04 (0.24)
जोधपुर	1.85 (1.80)	1.84 (1.67)	1.99 (0.62)	6.22 (1.70)	3.13 (1.38)
इलाहाबाद	1.74 (1.97)	2.99 (2.63)	0.71 (0.38)	2.87 (1.35)	1.55 (0.62)

नागपुर	0.84 (0.72)	1.65 (1.14)	0.57 (0.23)	1.19 (0. 46)	0.75 (0.40)
पूना	1.21 (1.06)	1.11 (0.72)	0.99 (0.31)	1.29 (0.35)	0.87 (0.28)
विशाखापट्टनम्	1.83 (1.22)	3.32 (1.72)	2.61 (1.17)	1.39 (0.40)	2.70 (1.25)
मोहनबारी	0.91 (0.69)	1.73 (1.49)	0.53 (0.51)	0.57 (0.19)	0.54 (0.40)
कोडईकनाल	0.57 (0.48)	0.52 (0.52)	0.26 (0.22)	0.56 (0.47)	0.52 (0.33)
मिनीकॉय	0.55 (0.32)	0.61 (0.71)	3.21 (0.75)	1.19 (0.27)	2.53 (0.63)
पोर्टब्लेयर	0. 84 (0.72)	1.01 (1.61)	2.53 (0.59)	0.62 (0.24)	2.33 (0.51)

नोट : मानक विचलन ब्रेकेट में दिया गया है ।

2. उत्तरी-पश्चिमी भारत में धूल-कणों के कारण, जिनके क्षारीय घटक अम्ल का प्रभाव समाप्त कर देते हैं, अम्ल-वर्षा की कोई संभावना नहीं है ।

आयन वितरण (सल्फेट. नाइट्रेट, क्लोराइड, कैलशियम व सोडियम) तालिका में SO_4^-, NO_3^-, Cl^-, Ca^{+2}, Na^+ के औसत मान (1974-85) दिए गए हैं। उनके मानक विचलन कोष्ठकों के भीतर दिए गए हैं । इनसे निम्नलिखित निष्कर्ष निकलते हैं—

(1) अम्ल-वर्षा उत्पन्न करनेवाले ऋण आयन अर्थात सल्फेट व नाइट्रेट का वितरण सभी बैपमान स्टेशनों पर एक समान नहीं पाया गया ।

(2) समुद्री क्षेत्र के मिनीकॉय स्टेशन पर जहां पी एच का मान लगभग स्थिर पाया गया है और मानक विचलन सबसे कम है, सल्फेट व नाइट्रेट का मान बहुत ही कम था । इसके विपरीत उत्तरी-पूर्वी भारत के स्टेशनों में जहाँ पी एच का मान सबसे अधिक है, सल्फेट व नाइट्रेट की मात्रा भी काफी अधिक है । इससे स्पष्ट होता है कि पी एच के मान निर्धारित करने में इनका प्रमुख योगदान नहीं है । भारतीय क्षेत्र में कैलशियम (Ca^{++}) की भूमिका पी एच में अधिक महत्वपूर्ण प्रतीत होती है ।

(3) कम वर्षा होने पर भी पी एच का मान कभी-कभी अपेक्षाकृत मोहनबारी, नागपुर, पोर्टब्लेयर व पुणे को छोड़कर बाकी बैपमान स्टेशनों पर बढ़ जाता है ।

(4) विद्युत संवाहकता का मान वर्षा बढ़ने से घट जाता है। कोडईकनाल जो एक पर्वतीय स्टेशन है, वहाँ पर इसका मान सबसे कम तथा जोधपुर में सबसे अधिक पाया जाता है।

कुछ प्रमुख शहरों में अम्लता के प्रभाव

1. दिल्ली

अधिक आयतन वायु सैम्पलर द्वारा वायु अवलय (हवा के कुल स्थूल पदार्थ) का प्रेक्षण 1980 में एल टी खेमानी व उनके सहयोगियों ने दिल्ली में किया। पानी में घुलनशील पदार्थों का विश्लेषण Cl, SO_4, NO_3, K, Ca और Mg के लिए तथा अम्ल घुलनशील पदार्थों में Al, Fe, Mn, Cμ, Ni, Zn, . Pb, Cd और Sb का विश्लेषण किया गया,। धातुओं की सांद्रता एटामिक एबजार्पशन स्पेक्ट्रोफोटोमीटर द्वारा एसिटिलीन व नाइट्रिक ऑक्साइट एसिटिलीन ज्वाला का प्रयोग करके निकाली गई।

ग्रीष्म ऋतु में स्थूल पदार्थों की मात्रा तब अधिक पाई गई (209 माइक्रोग्राम प्रति घन मीटर), जब मौसम गर्म व शुष्क रहता है। मानसून में यह घटकर 109 माइक्रोग्राम प्रति घन मीटर पहुँच गई। स्थूल पदार्थों में प्राकृतिक मिट्टी में पाए जानेवाले तत्व मुख्यतः पाए गए, जैसे— Fe, Al, Mn, Cd और K_1। इसके कुछ ही अंश में मानवीय कार्यों द्वारा उत्पन्न Pb, Ni, Cd, Sb, Cu और Zn जैसे तत्व मिलते हैं। अतः दिल्ली में राजस्थान के रेगिस्तान की धूल हवा के साथ उड़कर पहुँचने से क्षारीय प्रभाव उत्पन्न करती है, जिससे अम्ल-वर्षा नहीं हो पाती। इसकी पुष्टि वर्षा-जल के pH द्वारा भी होती है।

नीरी के अनुसार स्थूल कणों की मात्रा दस बड़े शहरों में 200 से 800 माइक्रोग्राम प्रति घन मीटर थी। दिल्ली में इसकी औसत मात्रा 162 माइक्रोग्राम प्रति घन मीटर थी, जो संयुक्त राज्य अमेरिका के मानक (75 माइक्रोग्राम प्रति घन मीटर) से अधिक है और पिट्सबर्ग व लास एंजेल्स से मिलती-जुलती है। गर्मियों में धूल भरी आँधी और हवाओं से बढ़कर यह 209 माइक्रोग्राम तक पहुँच जाती है, जिससे स्पष्ट होता है कि स्थूल कणों का प्रमुख स्रोत प्राकृतिक कारणों से है। आयनों की सांद्रता प्रौद्योगिक विकास से—यूरोप व अमरीका की अपेक्षा बहुत कम है।

2. लखनऊ

जून से दिसंबर, 1980 में प्रेक्षणों द्वारा पता लगा कि लखनऊ में अम्ल-वर्षा की कोई घटना नहीं हुई। वर्षा-जल के रासायनिक संघटक में एक बौछार से दूसरी बौछार में अंतर था। उसमें अधिकांशतः क्षारीय बाईकार्बोनेट था। कुछ नाइट्रेट की आपेक्षिक उच्च सांद्रता (6 से 8 मिग्रा प्रति लीटर) थी। विरल घटकों में लोहा सबसे अधिक मात्रा में 26.5 माइक्रोग्राम प्रति लीटर पाया गया। जस्ता, स्ट्रोंसियम, ताँबा, मैगनीज़ की मात्रा

घटती गई ।

1981 के वर्षा-जल का pH 7.45 + 0.45 था, जिससे स्पष्ट होता है कि अम्ल-वर्षा की संभावना नहीं है । परन्तु यहाँ के प्रदूषक प्राकृतिक व मानवीय दोनों कारणों से उत्पन्न होते हैं । औद्योगिक कार्यों द्वारा जिंक, कोबाल्ट व चाँदी पाए जाते हैं और मिट्टी में कोबाल्ट व निकिल होते हैं ।

3. बंबई

टी. एन. महादेवन, वी. मीनाक्षी तथा एस. पी. साहे ने बंबई के प्रमुख औद्योगिक क्षेत्रों में सात स्थानों पर 1980 के मानसून के नमूने एकत्रित करके उनका pH, SO_4, Cl, No_3, NH_4 व फ्लूराइड आयन का अध्ययन करके पता लगाया कि केवल एक क्षेत्र में अम्लीयता अधिक थी । बाकी स्थानों पर क्षार अधिक था । दो स्थानों में जहाँ सल्फर डाइऑक्साइड के प्रमुख स्रोत हैं, वहाँ सल्फेट सर्वाधिक था । चार स्थानों पर फ्लोराइड और नाइट्रेट काफी मात्रा में पाए गए, जिनसे पता चलता है कि इन दोनों आयनों का स्रोत एक ही स्थान पर है । इससे पूर्व बंबई में चार स्थानों में एल. टी. खेमानी और उनके सहयोगियों ने भी 1974 में जल-वर्षा के नमूनों का विश्लेषण करके pH का मान 5.7 से लेकर 7.2 पाया । केवल चेम्बूर में ph का मान घटकर 4.8 था, जिसका कारण उसके आसपास अधिक औद्योगीकरण था ।

4. आगरा

आगरा में निलंबित कणकीय पदार्थों का अनुपात काफी अधिक होने के कारण, जिनमें काफी संभावना स्थूल पदार्थ के रूप में होने की भी होती है, आगरा में वर्षा-जल में ph का मान अम्लीय परिसीमा में आने की संभावना नहीं है । यहाँ तक कि मथुरा रिफाइनरी के स्थापित होने के बाद अम्लीयता मानों में SO_2 की सांद्रता में वृद्धि होने पर भी इसकी अधिक संभावना नहीं है ।

5. पुणे

यहाँ पर भारत मौसम विज्ञान विभाग द्वारा बैपमान प्रेक्षण 1976 से लगातार किए जा रहे हैं । इसके अतिरिक्त बीच-बीच में भारतीय उष्णकटिबंध संस्थान द्वारा भी हवा के नमूनों का विश्लेषण किया जाता है । पूना में वायुविलय के दो आकार 0.4-0.6 माइक्रोमीटर और 5-6 माइक्रोमीटर पाए गए । क्लोराइड व सोडियम घटक के कण एक ही आकार के पाए गए । अमोनियम व सल्फेट घटक द्विआकार के मानसून में और एक आकार के शीतकाल में पाए गए । परन्तु नाइट्रेट के घटक इन दोनों ऋतुओं में द्विआकार में थे । इस घटक के अमोनियम नाइट्रेट को सूक्ष्म माइक्रान श्रेणी में तथा सोडियम नाइट्रेट को 1 से 10 माइक्रोमीटर, अर्थात बड़े आकार में माना गया है ।

बादलों के अंदर और उसके बाहर प्रेक्षण लेने से यह स्पष्ट हुआ कि आयन घटकों

की सांद्रता पृथ्वी पर लगभग बादल के निचले भाग की अपेक्षा चार गुनी थी। pH का मान भी पृथ्वी की अपेक्षा 1.5 इकाइयों से बादल के निचले भाग में कम था। हवाई द्वीपों में भी pH का मान ऊँचाई से घटता हुआ पाया गया था। इसका कारण घनायन (Ca^{2+} और Mg^{2+}) की अधिकता थी, जिससे पृथ्वी पर pH बढ़ गया।

तालिका 28 में Ca, K, Mg के सोडियम के साथ अनुपात की तथा Ca के पोटेशियम के साथ अनुपात की तुलना कुछ स्थानों पर समुद्र-जल से की गई है, जिनसे समुद्री जल के वायुविलय का प्रभाव कम स्पष्ट होता है।

अरब सागर तथा बंगाल की खाड़ी

समुद्री वायुमंडल पर रेगिस्तानी क्षेत्रों से हवा के साथ धूल उड़कर पहुँच जाती है। एस. सदासिवन (1978) ने अरब सागर पर लौह (Fe) की अधिक सांद्रता (2.1 माइक्रोग्राम घन मीटर) को पछुआ हवाओं से संबंधित किया। इससे पूर्व जे.फिंडलेटर (1971) ने अप्रैल व मई के महीनों में भी अरब सागर के ऊपर सबसे अधिक धूल पाई, जिसका कारण बड़े पैमाने पर हवाओं का स्थानांतरण था।

एल. टी. खेमानी और उनके सहयोगियों ने मई, 1983 में गवेषणी नामक जहाज द्वारा अरब सागर से बंगाल की खाड़ी पर हवा के नमूनों को अधिक आयतन वायु प्रतिदर्शक से इकट्ठा करके वायुविलय का विश्लेषण किया। अरब सागर के ऊपर Al, Fe, Mn एवं Ca, जो मिट्टी द्वारा उत्पन्न होते हैं, की अधिकता पाई गई, जो अरब प्रायद्वीप से धूल-कणों के साथ पहुँचे। NO_3/SO_4 का समुद्री वायुविलय में अनुपात एक से अधिक था, जिससे स्पष्ट होता है कि अम्लीय घटक SO_4 की अपेक्षा NO_3 से संबंधित है। सूक्ष्म माइक्रोमीटर वायुविलय के क्लोराइड, सल्फ्यूरिक अम्ल की अपेक्षा नाइट्रिक अम्ल से क्रिया द्वारा विलीन हो जाती है। NH_4 और SO_4 घटक अमोनियम सल्फेट परमाणु के रूप में पाए गए।

ए. के. मुखर्जी, कृष्णानंद, बी मुखोपाध्याय एवं एस. जी. धनेकर (1986) ने मानसून के मौसम में मिनीकॉय और पोर्टब्लेयर स्टेशनों के वर्षा-जल के नमूनों द्वारा पता लगाया कि दोनों स्थानों पर क्लोरीन तथा सोडियम तत्वों का प्रमुख स्रोत समुद्री हवा है (तालिका-29)। सल्फेट के लिए समुद्र के अतिरिक्त कोई दूसरा स्रोत नहीं मिला। वर्षा-जल तथा समुद्र-जल के घटकों के अनुपातों की तुलना से स्पष्ट होता है कि इन दोनों स्थानों में क्लोरीन व सल्फेट की कमी है और कैलशियम प्रचुर मात्रा में था। पी एच के मान बुनियादी परास में पाए गए जो HNO_3 व H_2SO_4 द्वारा नियंत्रित नहीं था।

वर्षा-अम्लता पर मिट्टी द्वारा उत्पन्न वायुविलय

वायुयान द्वारा लिए गए प्रेक्षणों से एल. टी. खेमानी और उनके सहयोगियों (1987) द्वारा यह पाया गया कि बादलों से निकलते ही जल की बूँदों में pH का मान अपेक्षाकृत

कम होता है, किंतु पृथ्वी की सतह पर पहुँचते ही pH बढ़ जाता है। इससे बीच के माध्यम का प्रभाव स्पष्ट होता है। उष्णकटिबंधीय क्षेत्रों में धूल की अधिकता के कारण वर्षा का pH बढ़ जाता है। इसका श्रेय कृष्णानंद (1984) को है, जिन्होंने भारत में अधिक pH पाए जाने को धूल-वायुविलय का कारण बताकर सबसे पहले चर्चा की। धूल में पृथ्वी से उत्पन्न स्थूल पदार्थों में कैलशियम Ca^{2+}, मैगनीशियम Mg^{2+}, सोडियम Na^{+}, और पोटेशियम K^{+} घनायनों के कार्बोनेट और बाईकार्बोनेट होते हैं, जो क्षारिक होते हैं, परंतु तटीय भागों में इनकी मात्रा कम हो जाती है। जी. एस. वर्मा (1989) ने आठ बैपमान स्टेशनों की औसत वर्षा pH का मिट्टी के pH के साथ 59 प्रतिशत सह- संबंध पाया, जिससे स्पष्ट होता है कि मिट्टी द्वारा उत्पन्न वायुविलय वर्षा के pH को प्रभावित करते हैं। इसी प्रकार जहाँ पर वर्षा देर से होती है (जैसे कि जोधपुर में, जो रेगिस्तानी क्षेत्र में है), आयनिक संतुलन क्षारीय हो जाता है। pH और वर्षा की बौछारों के समय में अंतर का सह-संबंध 0.72 पाया गया। मिट्टी के कण हवा के साथ वातावरण में फैलकर और वर्षा की बूँदों से मिलकर उनका pH बदल देते हैं, क्योंकि उनके कुछ घटक जल में घुल जाते हैं और रासायनिक क्रिया द्वारा परिवर्तित हो जाते हैं।

pH कटिबंध मानचित्र

जी. एस वर्मा (1989) ने भारत के बैपमान स्टेशनों, नीरी व अन्य संस्थानों द्वारा pH के मान अंकित करके pH कटिबंध मानचित्र द्वारा भारत को चार भागों में बाँटा (चित्र-27)—

कटिबंध- 1	इस क्षेत्र में pH का मान 6 से कम। अम्ल-वर्षा की अधिक संभावना।
कटिबंध-2	इस क्षेत्र में pH का मान 6.0 और 6.5 के बीच। अम्ल-वर्षा की कुछ संभावना।
कटिबंध- 3	सामान्य pH का मान 6.5 से 7.0 के बीच। अम्ल-वर्षा की संभावना नहीं।
कटिबंध- 4	pH का मान 7 या उससे अधिक। अम्ल-वर्षा की कोई संभावना नहीं।

यह मानचित्र सीमित आँकड़ों पर निर्धारित है, अतः क्षेत्रों की सीमाओं में परिवर्तन की संभावना है। कटिबंध- 1 और 2 में अम्ल को उदासीन करनेवाले तत्व NH_4^+ व क्षारीय लवण कम पाए जाते हैं। इसके अतिरिक्त धन आयन की मात्रा ऋण आयन की अपेक्षा अधिक होती है, जिसका स्रोत समुद्री होता है। अतः इनमें अम्ल-वर्षा की संभावना अधिक है। कटिबंध- 4 में मिट्टी से उत्पन्न वायुविलय वायुमंडल के अत्यल्प अम्ल को उदासीन कर देते हैं, जिससे अम्ल-वर्षा की संभावना समाप्त हो जाती है। सामान्य pH के क्षेत्र में भविष्य में यदि क्षार की क्षमता कम हो गई तो अम्ल-वर्षा हो

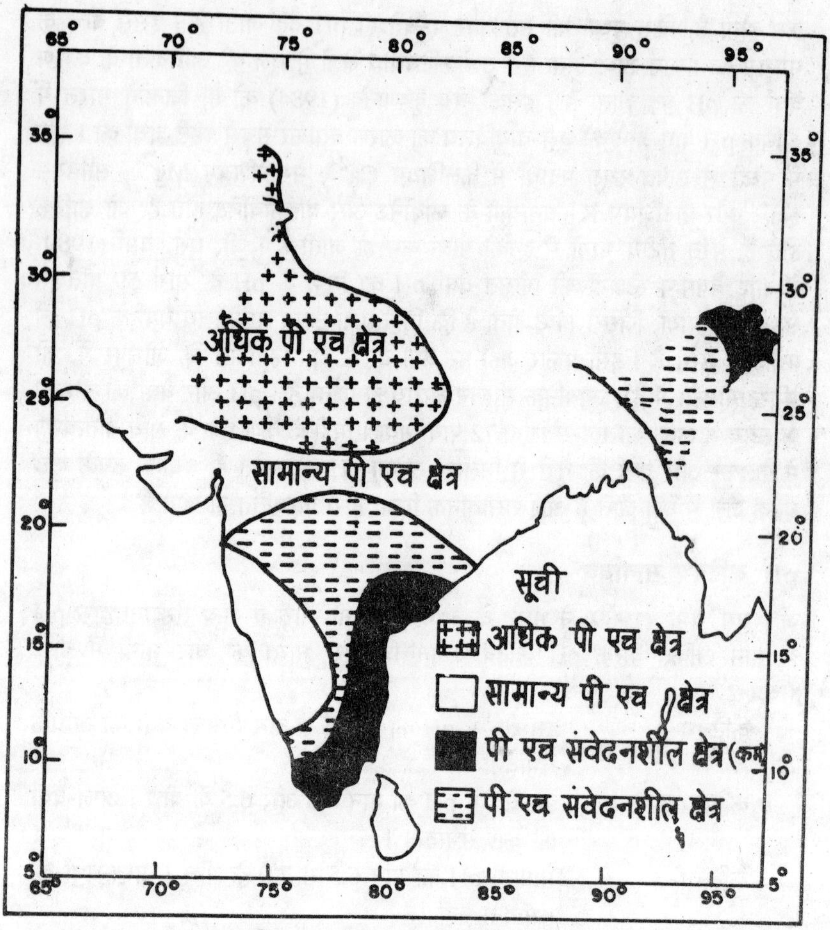

चित्र-27: पी एच का कटिबंध मानचित्र

सकती है। परंतु इसके लिए हमें pH का अध्ययन कई वर्षों तक कुछ नये स्टेशन लगाकर करना पड़ेगा।

अम्ल-वर्षा व ताजमहल

पिछले कई वर्षों से यह देखा जा रहा था कि ताजमहल में संगमरमर की सफेदी कुछ मटमैली होती जा रही है। इसके साथ ही मथुरा में तेल शोधक कारखाने के निर्माण के समय यह प्रश्न उठ खड़ा हुआ था कि क्या इससे उत्पन्न प्रदूषित गैसें ताजमहल के संगमरमर को और अधिक हानि पहुँचाएँगी ? इसके समाधान के लिए निम्नलिखित

तालिका- 28

Ca, K, Mg के सोडियम से तथा Ca के पोटेशियम से अनुपात की समुद्र-जल से तुलना

अनुपात स्थान	समुद्री जल	कलकत्ता (डी. के. दास, 1998)	कलकत्ता (हंडा, 1969)	बंबई (सदाशिवन, 1979)	पुणे (खेमानी, 1974	पुणे (ए.के. मुखर्जी, 1985)	दिल्ली (खेमानी व रामनापूर्ति, 1968)
Ca/Na	0.038	2.3	3.27	0.40	1.37	1.15	4.6
K/Na	0.036	0.31	0.37	0.07	0.31	0.28	0.63
Mg/Na	0.12	0.29	0.50	0.12	—	0.37	—
Ca/K	1.0	9.9	8.80	5.60	3.70	5.80	7.30

Ca (कैलशियम), Na (सोडियम), K (पोटेशियम), Mg (मैगनीशियम)

कमेटियाँ बनाई गईं—

1. वरधराजन कमेटी, 2. राष्ट्रीय पर्यावरण इंजीनियरिंग अनुसंधान केंद्र (नीरी) नागपुर, 3. जल-प्रदूषण रोकथाम व नियंत्रण केंद्रीय बोर्ड, नई दिल्ली।

इन सभी में भारत मौसम विज्ञान विभाग ने मौसम संबंधी अध्ययन करके महत्वपूर्ण योगदान दिया। 1976-77 में मथुरा, आगरा और भरतपुर में वेधशालाएँ खोली गईं, जिनके आँकड़े मॉडलों में प्रयोग किए गए। यदि SO_2 की सांद्रता 30 माइक्रोग्राम प्रति घन मीटर से अधिक हो, तभी वह संगमरमर को संक्षारित करता है। आगरा में साधारणतया यह 10 से 15 माइक्रोग्राम प्रति घन मीटर पाई गई है, जो आधे से भी कम है। बड़े शहरों की अपेक्षा यह केवल एक-चौथाई है। परंतु शीतकाल में, जब

तालिका-29

वर्षा-जल के नमूने में औसत सांद्रता के अनुपात (मानसून ऋतु)

अनुपात	समुद्र-जल	मिट्टी	मिनीकॉय	पोर्टब्लेयर
Ca/Na	0. 038	2.17	0. 43	0. 25
K/Na	0. 036	2.60	0. 10	0. 12
Mg/Na	0. 12	1.00	0. 16	0. 12
Cl/Na	1.80	—	1.04	1.13
SO_4/Na	0. 25	—	0. 19	0. 19

(मौसम, 1986)

पवन की गति व तापमान कम होता है, तो सांद्रता 30 माइक्रोग्राम प्रति घन मीटर तक पाई गई है। अतः इनका प्रभाव कम करने के लिए निम्नलिखित कार्य किए गए—

1. आगरा में दो ऊष्मीय ऊर्जा के उपकरण (प्लांट) बंद कर दिए गए।

2. ढलाई करनेवाले और दूसरे प्रदूषण उत्पन्न करनेवाले उद्योगों को शीतकाल में बंद कर दिया जाता है।

3. इस प्रकार के उद्योगों का विस्तार बंद कर दिया गया है। रेलगाड़ियों में डीजल इंजनों का इस्तेमाल।

4. ताजमहल के चारों ओर हरियाली। कुछ वैज्ञानिकों का मत है है कि ताजमहल का पीलापन मकराना मार्बल (संगमरमर) का 300 वर्ष पुराना होना है, जो अपने प्राकृतिक कालक्रम में रंग बदल रहा है।

निम्नलिखित प्रदूषकों का प्रभाव भी ध्यान में रखा जा रहा है—

1. यातायात संबंधी वाहनों में लगभग 15.000 लीटर डीज़ल का प्रयोग प्रतिदिन आगरा नगर में होता है।

2. दो राष्ट्रीय राजमार्ग जो ग्वालियर व कानपुर की ओर जाते हैं, उनके द्वारा प्रदूषण ।

3. नगर के आसपास के पेड़ों का कटना ।

मथुरा तेलशोधक कारखाने के पास कुछ प्रेक्षण

मथुरा तेल शोधक कारखाने के चालू होने से पूर्व तथा बाद में विभिन्न दूरियोंवाले चार स्थानों पर सल्फर डाईऑक्साइड के मॉनीटरीकृत आँकड़े इकट्ठे किए गए, जो तालिका-30 में प्रस्तुत किए गए हैं ।

तालिका-30

सल्फर डाईऑक्साइड की सांद्रता (मौसम, 1986)

स्टेशन	ऋतु	अधिक काल सांद्रता कारखाना आरंभ होने से पूर्व (1981)	माइक्रोग्राम प्रति घन मी. कारखाना आरंभ होने के पश्चात (1982)
फराह	ग्रीष्म	—	6.4
	मानसून	—	6.1
	उत्तर मानसून	—	—
	शीत	—	4.2
कथिम झील	ग्रीष्म	1.7	2.3
	मानसून	1.7	1.8
	उत्तर मानसून	3.8	1.6
	शीत	2.8	2.2
सिकंदरा	ग्रीष्म	5.4	6.2
	मानसून	5.3	5.5
	उत्तर मानसून	11.2	—
	शीत	5.9	9.1
भरतपुर	ग्रीष्म	—	3.1
	मानसून	2.6	3.1
	उत्तर मानसून	3.1	—
	शीत	3.0	1.7

इससे यह स्पष्ट होता है कि तेल शोधक संयंत्र चालू होने के बाद से सल्फर डाइऑक्साइड की सांद्रता में कोई विशेष वृद्धि नहीं हुई है । इसकी पुष्टि गाउसियन मॉडेल द्वारा उन चार स्थानों के आँकड़ों के प्रयोग से की गई और आगरा तथा भरतपुर पर—जो क्रमशः 40 एवं 30-35 किलोमीटर की दूरी पर हैं—400 किलो प्रति घंटा सल्फर डाइऑक्साइड उत्सर्जन करनेवाले शोधक का कोई प्रभाव नहीं पाया गया ।

परिशिष्ट-II में बी. पद्मनाभ मूर्ति और आर. एन. गुप्त (1986, मौसम, पृष्ठ- 352) द्वारा उत्तर-पूर्वी दिशा के पिन के लिए सल्फर डाइऑक्साइड की मात्रा की गणना गाउसियन मॉडेल को दिखलाया गया है। विभिन्न पवन-गति के अनुसार प्रति घंटा गणना करके 24 घंटे में कितना प्रभाव होगा, इसका पता लग सकता है। आजकल कई नए मॉडेलों का प्रयोग हो रहा है।

अम्लीय पदार्थों का सीमा पार परिवहन

अमेरिका तथा कैनाडा के बीच अम्लीय पदार्थों के परिवहन का अध्ययन करने के लिए विशेष अनुसंधान किए जा रहे हैं। इस प्रकार की समस्या विभिन्न देशों के बीच उत्पन्न हो सकती है, क्योंकि प्रदूषक हजारों किलोमीटर दूर तक पवन तथा वर्षा द्वारा पहुँच सकते हैं। जैसाकि अध्याय- 3 में देखा गया है कि तापमान व्युत्क्रमण तह का प्रमुख प्रवाह वायु-प्रदूषकों को प्रसारित करने से रोकता है और स्थानीय क्षेत्रों तक ही सीमित रहता है। परंतु प्रदूषकों का 100 से 2000 किलोमीटर या उससे भी अधिक दूरी तक फैलने से यह अंतर्राष्ट्रीय समस्या बन गई है। क्षैतिज दिशा की अपेक्षा ऊर्ध्वाधर दिशा में प्रदूषकों का प्रसारण अधिक महत्वपूर्ण है, क्योंकि ऊर्ध्वाधर दिशाओं में पवन-गति में तेजी से परिवर्तन होते हैं। अतः तापमान व्युत्क्रमण के ऊर्ध्वाधर दिशा में वितरण का प्रभाव कहीं अधिक होता है। प्रदूषकों के प्रवाह का अध्ययन करने के लिए 600 मीटर से एक किलोमीटर ऊँचाई तक की पवन का प्रयोग किया जाता है, क्योंकि ऊँची चिमनियों से उत्सर्जित सल्फर डाइऑक्साइड इस ऊँचाई तक पहुँच जाती है। वायुमंडल से इनको नम तथा शुष्क क्रिया से हटाया जाता है। नम क्रिया द्वारा सल्फर डाइऑक्साइड जैसे प्राथमिक प्रदूषक रासायनिक परिवर्तनों द्वारा सल्फेट में बदल जाते हैं। क्षेत्रीय पैमाने पर वर्षण (वर्षा तथा हिम) तथा बादलों की किस्म का नम जमाव पर विशेष प्रभाव पड़ता है। अतः चक्रवाती तूफानों के अतिरिक्त, जो काफी दूर से वायु को खींचते हैं, कुल वार्षिक वर्षण और वर्षा के दिन प्रति वर्ष प्रदूषकों को प्रभावित करते हैं।

उत्तरी अमेरिका के पूर्वी क्षेत्र में pH का मान 4.5 या उससे कम था। जलवायु और प्रदूषक के उत्सर्जन को एकजुट करके अम्लीय वर्षा के निम्नलिखित कारण पाए गए—

(1) प्रमुख SO_2 और NO_x (उत्सर्जन) पवन द्वारा वर्षा-क्षेत्र की ओर (प्रत्येक दो से तीन दिन में) तथा चक्रवाती तूफानों से पूर्व और उत्तरी-पूर्वी दिशा में फैल जाते हैं।

(2) अधिकतम SO_2 उत्सर्जन करनेवाले राज्यों के ऊपर मेघों की अधिक बारंबारता के कारण SO_2 बादलों में घुलकर बरसते समय सल्फेट के रूप में बदल जाते हैं।

पूर्वी संयुक्त राज्य के प्रमुख SO_2 स्रोत के ऊपर हवा लगभग पश्चिमी दिशा से चलती है। यह दिशा लगभग 50 प्रतिशत समय में पाई जाती है। पूर्वी कैनाडा में भी कुछ स्थानों पर पवन की दिशा पश्चिमी तथा कुछ पश्चिमी स्थानों पर उत्तर-पश्चिमी है।

यह 35 प्रतिशत समय में पाई जाती है। दोनों देशों की सीमाओं के निकटवर्ती स्टेशनों से स्पष्ट होता है कि सबसे अधिक प्रतिशत प्रवाह अमेरिका से कैनाडा की ओर प्रतिवर्ष स्पोकने, वाशिंगटन और फ्लिंट, मिशिगन के आसपास होते हैं। परंतु कैनाडा से अमेरिका की ओर प्रति वर्ष प्रवाह बफैलो, न्यूयार्क तथा मानीवाकी, क्यूबेक के आसपास होते हैं।

वर्षा द्वारा प्रदूषक का अंश हटाने के लिए स्केवेंजिंग गुणांक द्वारा पता लगा सकते हैं, जिसमें वर्षा की मात्रा, नम तथा शुष्क समय जानने की आवश्यकता होती है। अतः

$$\bar{A} = \bar{A}\frac{R}{T}\,\frac{Td + Tw}{Tw}$$

जहाँ $\bar{A}$ = प्रदूषक का अंश प्रति एकक समय जो हटता है।

Tw = नम काल की औसत अवधि।

Td = शुष्क काल की औसत अवधि।

R = कुल वर्षा (मिलीमीटर) उस क्षेत्र समय।

T = 24×91 या 24×265 ऋतु और वार्षिक काल के लिए (क्रमशः)।

$\bar{A}$ = घुलनशील गुणांक।

अतः यदि SO_2 तथा SO_4^{2-} की सांद्रता एक मॉडेल द्वारा पता हो, तो नम सल्फर का दीर्घकालीन जमाव निम्नलिखित समीकरण द्वारा निकाला जा सकता है—

$$Dw = (\tfrac{1}{2} C_{so_2}\,\bar{A}_{so_2} + 1/\ \ C_{so_4^{2-}} — \bar{A}_{so_4^{2-}})\bar{H}$$

यहाँ Dw = नम सल्फर जमाव (किलोग्राम प्रतिकाल)।

C_{so_2} = SO_2^{4} (माईक्रोग्राम प्रति घन मीटर) की सांद्रता।

$C_{so_2}^{2}$ = SO_4^{2-} (माइक्रोग्राम प्रति घन मीटर) की सांद्रता।

$\bar{H}$ = औसत मिश्रित ऊँचाई (मीटर)।

नम जमाव-मॉडेलों द्वारा वायु-प्रदूषक परिवहन की गणना अनुसंधान का विषय है। इसकी जटिलता का अनुमान इस बात से लग सकता है कि ऊर्ध्वाधर गति, जिससे वर्षा होती है, वे प्रदूषकों को भी विभिन्न पवन-गति और दिशा-परिवर्तनों द्वारा परिवहित होते हैं। मौसम-विज्ञान तथा वायु-प्रदूषण को ध्यान में रखकर प्रशांत उत्तर-पश्चिम (पैसिफिक नार्थवेस्ट) प्रयोगशाला ने रीजनल एयर पलूशन ट्रांसपोर्ट मॉडल (RAPT) का विकास किया है। इसमें राबिन सौंदे पवन (100 से 1000 मीटर), उत्सर्जन, प्रति घंटा वर्षा के आँकड़े और बारीक विघटन (35 किलोमीटर) का प्रयोग किया जाता है। इससे प्राथमिक प्रदूषक, जैसे SO_2 की अधिकतम दीर्घकालीन मात्रा ठीक से नहीं निकाली जा सकती है। परंतु SO_4^{2-} की सांद्रता अधिक सही निकलती है। औसत मासिक अम्लीय पूर्वानुमान भी काफी सही निकलते हैं।

इस प्रकार के अध्ययन विकासशील देशों में आवश्यक हैं, जहाँ अम्ल-वर्षा की संभावना प्रदूषकों के कारण बढ़ रही है। मौसम-विज्ञान के आँकड़ों द्वारा भारत पर भी

दूसरे देशों से आए हुए प्रदूषकों का प्रभाव होता है। भारत में दक्षिणी-पूर्वी देशों से चक्रवाती तूफानों से प्रदूषक पहुँच सकते हैं।

मानसून : इस ऋतु में पाकिस्तान पर उष्णीय कम दाब का क्षेत्र होने से उत्तरी-पश्चिमी भारत पर धूल फैल जाती है, जिससे वहाँ पर अम्ल-वर्षा की संभावना नहीं रहती। पश्चिमी हवाओं का तीव्र बहाव अरब तथा पूर्वी अफ्रीका से खनिज धूल को अरब सागर से ऊपर से गुजारते हुए भारतीय प्रायद्वीप पर पहुँचा सकता है। पड़ोसी देशों पर प्रदूषकों के प्रभाव होने की संभावना नहीं है। उत्तरी बंगाल की खाड़ी में उत्पन्न होनेवाले कम दाब क्षेत्रों का प्रभाव दक्षिणी-पूर्वी देशों से लाए हुए प्रदूषकों द्वारा कभी-कभी भारत पर हो सकता है।

मानसून के बाद : इस ऋतु में दक्षिणी-पूर्वी एशियायी देशों के प्रदूषकों का प्रभाव अंडमान व निकोबार द्वीपसमूह पर देखा जा सकता है। परंतु पड़ोसी देशों में अम्ल-वर्षा के प्रेक्षण प्राप्त न होने के कारण इनमें संशोधन की आवश्यकता हो सकती है।

शीतकाल : इस ऋतु में प्रदूषक उत्तर-पूर्वी दिशा में हवाओं के बहने के कारण ईरान, अफगानिस्तान और पाकिस्तान से भारत तक पहुँच सकते हैं। परंतु वायु-वेग हल्का होने से कम ही प्रभाव होने की संभावना है। परंतु जब पश्चिमी विक्षोभ, जो प्रायः भूमध्यसागर में उत्पन्न होते हैं, उनका प्रभाव उत्तर-पूर्वी भारत में वर्षा से बढ़ सकता है। दक्षिणी भारत और श्रीलंका में उन प्रदूषकों का प्रभाव हो सकता है, जिनका स्रोत बर्मा और थाइलैंड में हो।

ग्रीष्म ऋतु : प्रदूषकों के प्रभाव इसमें भी शीतकाल की ही तरह हो सकते हैं। चूँकि चक्रवाती तूफान बहुत दूर से वायु को अपनी ओर खींचते हैं, इसलिए प्रदूषक दक्षिणी-पूर्वी एशिया से मध्य और उत्तर-पूर्वी भारत एवं बंगलादेश पर प्रभाव डाल सकते हैं—यदि वे अतिवृष्टि से बंगाल की खाड़ी पर ही न धुल गए हों।

अंतर्राष्ट्रीय भूमंडलीय रसायन प्रोग्राम (आई जी ए सी)

इस प्रोग्राम का मुख्य ध्येय यह है कि प्रदूषकों को मापकर, अगले शतक में वायुमंडल में रासायनिक क्रिया द्वारा परिवर्तनों का पूर्वानुमान हो सके। इसमें वह सभी समस्याएँ भी सम्मिलित हैं जो वर्षा में अम्लता, स्थिर मंडल में ओज़ोन ह्रास, ग्रीन हाउस उष्णता और जीवाओं में क्षति से संबंधित हैं। अगस्त, 1990 में इस विषय पर सिंगापुर में एक सम्मेलन हुआ, जिसमें उन समस्याओं पर विचार किया गया जिनमें अंतर्राष्ट्रीय सहयोग आवश्यक है। इसमें एक विशेष प्रोग्राम पाकिस्तान, भारत, चीन, आस्ट्रेलिया व प्रशांत द्वीपों के लिए बनाया जा रहा है, जिससे प्रदूषकों के प्रभाव का दूर के देशों पर 'बैपमान' स्टेशनों द्वारा अध्ययन किया जा सके। यह प्रोग्राम आई जी बी पी का एक प्रमुख अंग है, जिसकी चर्चा अगले अध्याय में की जाएगी।

अध्याय 8

प्रदूषण और जलवायु-परिवर्तन

पृथ्वी की जलवायु में निरंतर परिवर्तन होते रहे हैं जिनके प्रभाव, समय और स्थान के अनुसार बदलते रहते हैं। परंतु हमारा ध्यान तभी आकर्षित होता है जब लंबे काल तक सूखे की स्थिति उत्पन्न हो जाए या असहनीय गर्मी या सर्दी हो। वास्तव में जलवायु के तत्व एक वर्ष से दूसरे वर्ष तक काफी बदलते रहते हैं, जिनका प्रभाव जलवायु पर एक दशक, शतक और लाखों वर्षों में भिन्न-भिन्न पड़ता है। मानवीय कार्यों से उत्पन्न प्रदूषकों के कारण जलवायु-परिवर्तन की समस्या और भी जटिल हो गई है, क्योंकि औद्योगिक व कृषि संबंधी क्रियाओं से वायुमंडल में रासायनिक पदार्थों की मात्रा तेजी से बढ़ रही है, जिनका प्रभाव जलवायु पर पड़ता है। इस अध्याय में जलवायु और वायुमंडलीय गैसों के परिवर्तन का भविष्य में क्या प्रभाव होगा, इसकी चर्चा की जाएगी, परंतु भूतकाल में अर्थात जीवाश्म जलवायु द्वारा किस प्रकार के परिवर्तनों का पता चला है, यह समझना भी आवश्यक है।

ग्रीन हाउस-प्रभाव

ठंडे प्रदेशों में वनस्पतियों को आवश्यक ऊष्मा प्रदान करने के लिए चारों ओर शीशे की दीवारों द्वारा ढक देते हैं, जिसे ग्रीन हाउस कहते हैं। यह दीवारें लघु तरंगीय सौर-विकिरण अंदर जाने देती हैं, पर बहिर्गत दीर्घ तरंगीय ऊष्मा को बाहर आने से रोक देती हैं। इस प्रकार वनस्पतियों के विकास के लिए आवश्यक ऊष्मा उपलब्ध करा दी जाती है। आकाश में छाए बादल ग्रीन हाउस जैसा ही प्रभाव उत्पन्न करते हैं। वायुमंडल में ग्रीन हाउस प्रभाव समझने के लिए विकिरण का वीन नामक नियम प्रयोग किया जाता है, जिसके अनुसार किसी वस्तु के तीव्रतम विकिरण का तरंग-दैर्घ्य, उसके तापमान का व्युत्क्रमानुपाती होता है। सूर्य के अनुमानित तापमान 6000° सें. द्वारा विकिरण से लघु तरंगें निकलती हैं। परंतु पृथ्वी का तापमान (300° सें.) कम होने के कारण वीन के नियमानुसार उससे उत्सर्जित विकिरण दीर्घ तरंग विकिरण कहलाता है।

'ग्रीन हाउस प्रभाव' के कारण करोड़ों वर्षों से पृथ्वी गर्म रह पाई है। तालिका 30 में प्रमुख ग्रीन हाउस गैसें दी गई हैं, जिनमें वायुमंडल में जल-वाष्प और कार्बन डाइऑक्साइड करोड़ों वर्षों से महत्वपूर्ण योगदान दे रहे हैं। यदि वे गैसें न होतीं तो

पृथ्वी कहीं अधिक ठंडी होती। सौर-विकिरण का पृथ्वी द्वारा परावर्तन लगभग तीस प्रतिशत है। इसे ध्यान में रखकर स्टीफेंस सिद्धांत के अनुसार उत्सर्जित विकिरण ($=6T^4$, जहाँ 6 को स्टीफेंस स्थिरांक और T पृथ्वी का तापमान है) पृथ्वी के तापमान की गणना की जा सकती है। इस प्रकार तापमान $-18°$ सें. (255 K) निकलता है। परंतु ग्रीन हाउस गैसों द्वारा दैर्घ्य तरंग-विकिरण का कुछ भाग अवशोषित होकर फिर उस सतह की वायु के तापमान के अनुसार दुबारा उत्सर्जित हो जाता है। इसका प्रभाव यह है कि कारगर उत्सर्जनवाली सतह पृथ्वी की सतह से कई किलोमीटर ऊँचाई पर उठ जाती है, जहाँ तापमान पृथ्वी की सतह की तुलना में लगभग 30° सें. कम रहता है। अतः पृथ्वी की सतह का तापमान लगभग इतना ही अधिक हो सकता है और पृथ्वी से उतनी ही मात्रा में विकिरण निकलता है, जितना ग्रीन हाउस प्रभाव के बगैर होता।

ग्रीन हाउस गैसों का उत्सर्जित विकिरण के स्पेक्ट्रम पर समान प्रभाव नहीं रहता है, बल्कि कुछ बैंड या लाइनों पर केंद्रित रहता है। इसका अध्ययन करने के लिए 1966 में टेक्साज़, अमेरिका में गुब्बारे में एक विशेष यंत्र द्वारा 33.5 किलोमीटर की ऊँचाई पर प्रेक्षण किए गए। इससे स्पष्ट होता है कि विभिन्न स्पेक्ट्रम क्षेत्र में मानवीय कार्यों द्वारा उत्पन्न गैसों के कारण अवशोषण होता है, जिनमें कार्बन डाइऑक्साड, मीथेन, क्लोरोफ्लूरोकार्बन और नाइट्रस ऑक्साइड प्रमुख हैं। स्पेक्ट्रम के इस भाग में अर्थात 8 से 16 माइक्रोमीटर में जल-वाष्प का अवशोषण बहुत ही कम होता है। इस स्पेक्ट्रम के भाग में, पृथ्वी की सतह द्वारा उत्पन्न विकिरण बगैर अवशोषण के अंतरिक्ष में चली जाती है। अतः यहाँ इसमें एक नए अवशोषणवाली गैस को रखकर काफी प्रभाव बन सकता है। दो प्रमुख क्लोरोफ्लूरोकार्बन के प्रभाव बहुत अधिक हो सकते हैं, क्योंकि उनकी बैंड की तीव्रता प्रबल होती है। इसी प्रकार कार्बन डाइऑक्साइड द्वारा ग्रीन हाउस प्रभाव का कारण वनों की कटाई और ईंधन के जलने से होता है। इससे जो गैस पृथ्वी के नीचे गहराई में इकट्ठा थी, वह बाहर आकर बढ़ने लगी है। इसका योगदान 60 प्रतिशत है। इसके अतिरिक्त मीथेन का प्रभाव 25 प्रतिशत और 10 प्रतिशत क्लोरोफ्लूरोकार्बन के लगभग अनुमानित किया गया है। अल्पसंख्यक गैसों (मानवीय कार्यों द्वारा) और प्राकृतिक तत्वों का जलवायु पर प्रभाव तालिका 31, 32 में दिया गया है, परंतु इसे समझने के लिए जलवायु के मॉडल के विषय में जानना आवश्यक है।

विगत जलवायु में परिवर्तन (पेलियोक्लाइमेट) पुरा जलवायु

विगत जलवायु का अध्ययन करने के लिए विभिन्न युक्तियों का प्रयोग किया जाता है, जैसे डेंड्रोक्लाइमेटिक अनुसंधान। उदाहरण के लिए वृक्ष के तनों में चक्राकार घेरे जो प्रतिवर्ष एक गोलीय चिह्न बना देते हैं। इस प्रकार जलवायु का पता पिछले 1000 वर्षों तक कुछ विशेष प्रकार के वृक्षों—जैसे चीड़, देवदार और टीक आदि—से लगाया

तालिका 31

प्रकाशीय सक्रिय अल्पसंख्यक गैसीय घटक द्वारा जलवायु पर प्रभाव

गैस	बैंड का मध्य (सेमी- 1)	पृष्ठाधार मिश्रित अनुपात (पी पी बी)	मिश्रित अनुपात में परिवर्तन (पी पी बी)	पृथ्वी की सतह पर हवा के तापमान में परिवर्तन (डि. सें.)
CO_2	6.67	$330x10^3$	$660x10^3$	3.0
N_2O	589, 1168, 1285	300	600	0.3-0.4
CH_4	1306, 1534	1500	3000	0.3
O_3	1041, 1103			0.9
$CFCl_3$	846, 1085, 2144	0	1	0.13
CF_2Cl_2	915, 1095, 1152	0	1	0.13
CH_4	632,1241, 1261, 1283	0	1	0.07
CF_2HCl	1117, 1211	0	1	0.04
CCl_4	776	0	1	0.14
$CHCl_3$	774, 1220	0	1	0.1
CH_2Cl_2	714, 736, 1236	0	1	0.05
CH_3Cl	732, 1015, 1400	0	1	0.013
CH_3CCl_3	707, 1084	0	1	0.02
C_2H_4	949	0.2	0.4	0.01
SO_2	518, 1151, 1361	2	4	0.02
NH_3	950	6	12	0.09
HNO_3	1695, 1333, 850, 459			0.06
H_20	0-2000	$3x10^3$	$6x10^3$	0.6

पी पी बी : भाग प्रति 10^{12}

जाता है। पश्चिमी घाट के टीक वृक्षों से पता लगता है कि वहाँ की बढ़ती हुई वर्षा का अनुमान पेड़ के घेरे से प्राप्त सलूलोज़ (गोंद) के कार्बन और हाईड्रोजन के समथानिकीय (आइसोटोप) अनुपात के अनुकूल था। इस प्रकार कुछ और वृक्षों से पिछले 400 वर्षों के दौरान भारत में मानसूनी वर्षा का अनुमान लगाया गया है। उत्तरी भारत (कुमायूँ क्षेत्र) में इस प्रकार का अध्ययन जी. बी. पंत ने किया है।

जी. बी. पंत और जे. जे. मालियेकल (1987) ने जलवायु के विभिन्न पहलुओं का अध्ययन करके निष्कर्ष निकाला कि 4500 से 10,000 वर्ष पूर्व उत्तरी-पश्चिमी भारत में जलवायु गर्म व आर्द्र थी, जिससे कई बार बाढ़ आई। इससे राजस्थान की झीलों में पानी बढ़ गया था और महाराष्ट्र एवं गुजरात की नदियों (धाराओं) का कायाकल्प होने से समुद्र की ऊँचाई 6000 वर्ष पहले उतनी बढ़ गई थी, जितनी

तालिका 32

2000 ई. तक मानवीय कार्यों द्वारा जलवायु-परिवर्तन

मौलिक स्रोत	तत्व	अभिव्यंजक परिवर्तन की संभावना	जलवायु पर प्रमुख प्रभाव	जलवायु में परिवर्तन का समय (काल)
मानवीय कार्यों द्वारा	1. कार्बन डाइऑक्साइड में वृद्धि	अधिक	तापमान में वृद्धि (1° सें.)	चिरंतन झुकाव
	2. वायुमंडलीय धूल में वृद्धि	कुछ अधिक	तापमान में वृद्धि—फिर कमी	दिन या अधिक
	3. क्लोरोफ्लूरोकार्बन में वृद्धि	कुछ अधिक	तापमान में वृद्धि	दशक
	4. ओज़ोन में कमी—नाइट्रोजन ऑक्साइड एवं क्लोरोफ्लूरोकार्बन आदि	कुछ अधिक	पराबैंगनी विकिरण में दस प्रतिशत वृद्धि	दशक
	5. ऊष्मीय प्रदूषण	अधिक (स्थानीय प्रभाव)	तापमान में वृद्धि, स्थानीय बादल व तूफान	दशक
	6. कृषि के कारण सतह पर परिवर्तन	कुछ अधिक	तापमान और वर्षा में परिवर्तन	माह या अधिक

कि आजकल है। इससे पहले—10,000 से 20,000 वर्ष पूर्व—महाराष्ट्र में नदियों के बंद हो जाने से पश्चिमी घाट के पास समुद्री सतह कई मीटर नीचे चली गई थी। मानसून की उत्तरी सीमा उत्तरी-पश्चिमी भारत के रेगिस्तानी भागों में काफी आगे-पीछे हुई, जिससे अनेक पुरातत्वीय मानव सभ्यताएँ कभी दिखलाई पड़ती थीं और कभी गायब हो जाती थीं। जैसे सिंधु (इंडस) घाटी में हड़प्पा सभ्यता 2500 से 1700 वर्ष ईसा पूर्व काफी उत्कर्ष पर थी। सी. रामास्वामी (1968) ने मत प्रकट किया है कि 2000 से 500 वर्ष ईसा पूर्व पश्चिमी विक्षोभों का प्रभाव पश्चिमी भारत में अक्सर (आज की अपेक्षा) अधिक होता था, जिससे पूरी सिंधु घाटी में मानसूनी अवदाब द्वारा अधिक वर्षा होने से मानसून सक्रिय हो जाता था। यह भी अध्ययन किया गया है कि छोटे हिमयुग (1400 से 1800 ई. पू.) के दौरान पश्चिमी महाराष्ट्र में कई बार सूखा पड़ा।

जलवायु-परिवर्तनों को दिनांकित करने के लिए निम्नलिखित विधियों का प्रयोग किया जाता है—

1. रेडियोमेट्रिक युक्ति में यूरेनियम-थोरियम शृंखला अथवा कार्बन बेरिलियम-शृंखला (फ़िशन ट्रैक)।

2. भौतिकी युक्तियाँ, जैसे चुंबकीय परिवर्तन।

3. इलेक्ट्रान स्पिन रेज़ोनेंस घूर्णन अनुस्पंदन।

4. थर्मोलुमिनेंस (ऊष्मीय ज्योतिर्मय विधि)।

5. एमिनो अम्ल रासायनिक विधि।

6. ग्लेशियर में हिम कोर निकालकर ड्यूटेरियम हाईड्रोजन (O_{18}/O_{16}) अनुपात गहराई को समय के साथ निकालकर और दिनांकित करके।

पुष्प-पराग और वनस्पति के संबंध का वर्तमान एवं भूतकालीन अध्ययन करके (जिसे क्वार्टनरी पैलीनोलोजी कहते हैं) भी कई हजार वर्ष पूर्व की जलवायु का पता लग जाता है। पश्चिमी हिमालय (कश्मीरी क्षेत्र) में यह पाया गया कि लगभग 1,00,000 वर्ष पहले प्लायोस्टीन युग में केवल एक ही बार हिमाच्छादन हुआ। राष्ट्रीय समुद्री विज्ञान संस्थान, गोवा के वैज्ञानिकों ने भारत के पश्चिमी किनारे के उपतट अवसाद में कार्बोनेट एवं फेल्सपार के वितरण के आधार पर यह निष्कर्ष निकाला कि 10,000 वर्ष पहले जलवायु अर्ध-शुष्क थी। उसके बाद (9 हजार वर्ष पूर्व) भारतीय प्रायद्वीप की जलवायु आर्द्र हो गई और इसका प्रमाण तट के पास जमी हुई कीचड़ की मोटी परत है।

अंटार्कटिका और ग्रीनलैंड की हिम-परतों में पिछले हिमयुग की जलवायु का इतिहास सुरक्षित है। दो हजार मीटर की गहराई वाले हिम-कोर द्वारा, जोकि रूस के वोस्टक अंटार्कटिक स्टेशन से खोद कर लिया गया, वायु के तापमान का पिछले 1,50,000 वर्षों में पता लगाया गया। वायु के नन्हे बुलबुले हिम की चादर में फँसे

रह जाते हैं, जब यह चादर बर्फ के इकट्ठा होने से बनती है। इन बुलबुलों की कार्बन डाइऑक्साइड का विश्लेषण करके विगत समय का पता लग जाता है। स्पष्ट है कि अंटार्कटिक वायु का तापमान कार्बन डाइऑक्साइड की सांद्रता के साथ घटता-बढ़ता है। पिछले हिमयुग में वायु का तापमान लगभग दस डिग्री कम था और कार्बन डाइऑक्साइड की सांद्रता आजकल पाई जानेवाली सांद्रता से (औद्योगीकरण के प्रारंभ से पहले) करीब-करीब 100 पी. पी. एम. कम थी। चित्र 28 में इंग्लैंड की लगभग 20,000 वर्षों की जलवायु दिखलाई गई है।

मिलनकोविच नामक वैज्ञानिक ने सबसे पहले यह बताया कि पिछले 20 या 30 लाख वर्षों में जो हिम-चक्र आए हैं, वे लगभग एक लाख वर्ष के अंतर से आए हैं, जिनका कारण पृथ्वी के ग्रहपथीय प्राचलों में परिवर्तन है। खगोलीय घटना के अनुसार सूर्य के चारों ओर पृथ्वी के अंडाकृति ग्रह-पथ की उत्केंद्रिता में परिवर्तन हैं, जो प्रत्येक एक लाख वर्ष में एक बार होते हैं। इसका प्रभाव सौर-विकिरण में 0.2 प्रतिशत परिवर्तन उत्पन्न करना है, जिससे पृथ्वी पर 0.7 वाट प्रति वर्गमीटर सौर-ऊर्जा (जो पृथ्वी, वायुमंडल और महासागरों में गति उत्पन्न करती है) पृथ्वी के औसत मान—अर्थात 342 वाट प्रति वर्ग मीटर—की अपेक्षा बदलती है। इतने कम सौर-विकिरण अभिवाह (फ्लक्स) का पृथ्वी की जलवायु-पद्धति से इतना अधिक प्रवर्धन हो जाता है कि महत्वपूर्ण परिवर्तन हिमयुग आने के समय उत्पन्न हुए।

पिछले शतक में पृथ्वी का तापमान

जलवायु में प्रमुख परिवर्तन एक वर्ष से दूसरे वर्ष अथवा एक शतक से दूसरे शतक में भी होते रहते हैं। चित्र 29 में पृथ्वी की वायु का औसत तापमान पिछले शतक में दिखलाया गया है (जे. हैन्सन और एस. लेबेडेफ 1987)। स्पष्ट है कि पिछले सौ वर्षों में वायु के तापमान में वृद्धि हुई है। परंतु एक वर्ष से दूसरे वर्ष में उतने ही परिवर्तन पाए गए हैं, जो वायुमंडल, समुद्र व हिम वर्ग से प्राकृतिक रूप से संबंधित किए जा सकते हैं। तापमान की वृद्धि का कारण है ग्रीन हाउस गैसों (कार्बन डाइऑक्साइड, मीथेन, नाइट्रस ऑक्साइड व क्लोरोफ्लूरोकार्बन) की सांद्रता, बढ़ते हुए औद्योगिक उत्पादन, ऊर्जा की खपत व जमीन के प्रयोग में परिवर्तन। परंतु प्रश्न यह है कि इस प्रकार के तापमान की वृद्धि से जलवायु के और घटकों पर कितना प्रभाव पड़ेगा, यदि इन गैसों की मात्रा को नियंत्रित नहीं किया गया। इन कारणों से इस ओर सरकार व जनता दोनों का ही ध्यान आकर्षित हुआ है।

जलवायु मॉडल

कार्बन डाइऑक्साइड के बढ़ते हुए प्रभाव का अध्ययन करने के लिए एक मॉडल का प्रयोग किया जाता है। इस प्रकार के मॉडल में तापमान, हवा या धाराओं और वायुमंडल

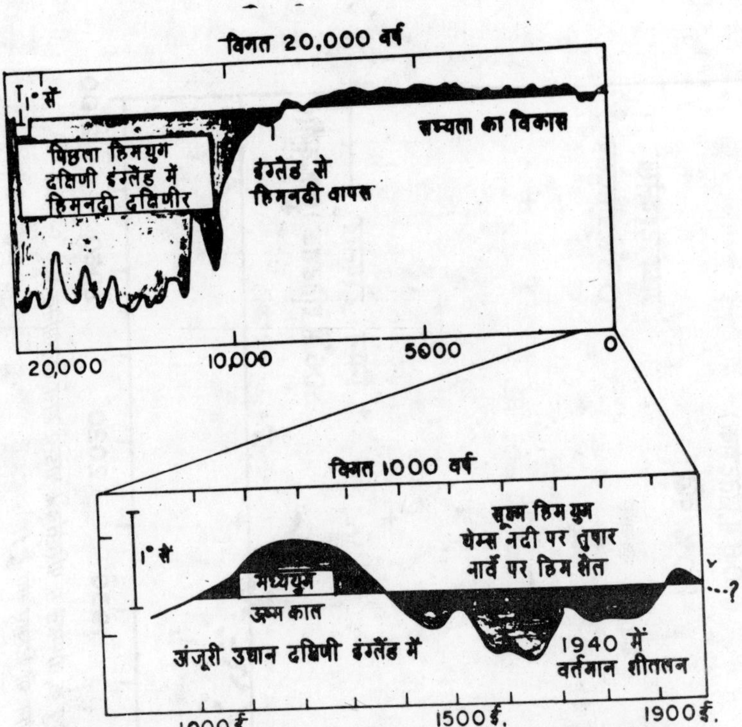

चित्र-28 : गत 20,000 वर्षों के दौरान इंग्लैंड में जलवायु-परिवर्तन

या समुद्र के दूसरे परिवर्ती को त्रिविमितीय डब्बों के विन्यास द्वारा दर्शित किया जाता है, जो क्षैतिज में स्थित अक्षांश व देशांतर की रेखाओं के साथ जाल की तरह फैली होती हैं और ऊर्ध्वाधर में 10 परतें समुद्र से वायुमंडल तक ली जाती हैं। कार्बन डाइऑक्साइड प्रयोगों में क्षैतिज जाल की लंबाई लगभग 5 डिग्री अक्षांश ली जाती है। भविष्य में इससे छोटे जाल (ग्रिड) लिए जाएँगे, जिससे क्षेत्रीय परिवर्तन के अध्ययन वास्तविक रूप से किए जा सकें।

संख्यात्मक मौसम पूर्वानुमान की तरह जलवायु-परिवर्तन में मॉडलों का प्रयोग किया जाता है, जिसमें भौतिकी के निम्नलिखित नियमों का उपयोग किया जाता है—

1. गति के तीन समीकरण, 2. सातत्य का समीकरण, 3. ऊष्मा गतिकी का पहला नियम, 4. गैस नियम।

इस समीकरण द्वारा अल्पावधि (10 मिनट) के लिए संख्यात्मक विधि से सन्निकट हल करके 10 मिनट फिर और आगे-आगे बढ़ाते जाते हैं, जब तक आवश्यकतानुसार पूरे काल के लिए वह पूर्ण न हो। पाँच दिन के पूर्वानुमान को कम्प्यूटर तकनीक द्वारा

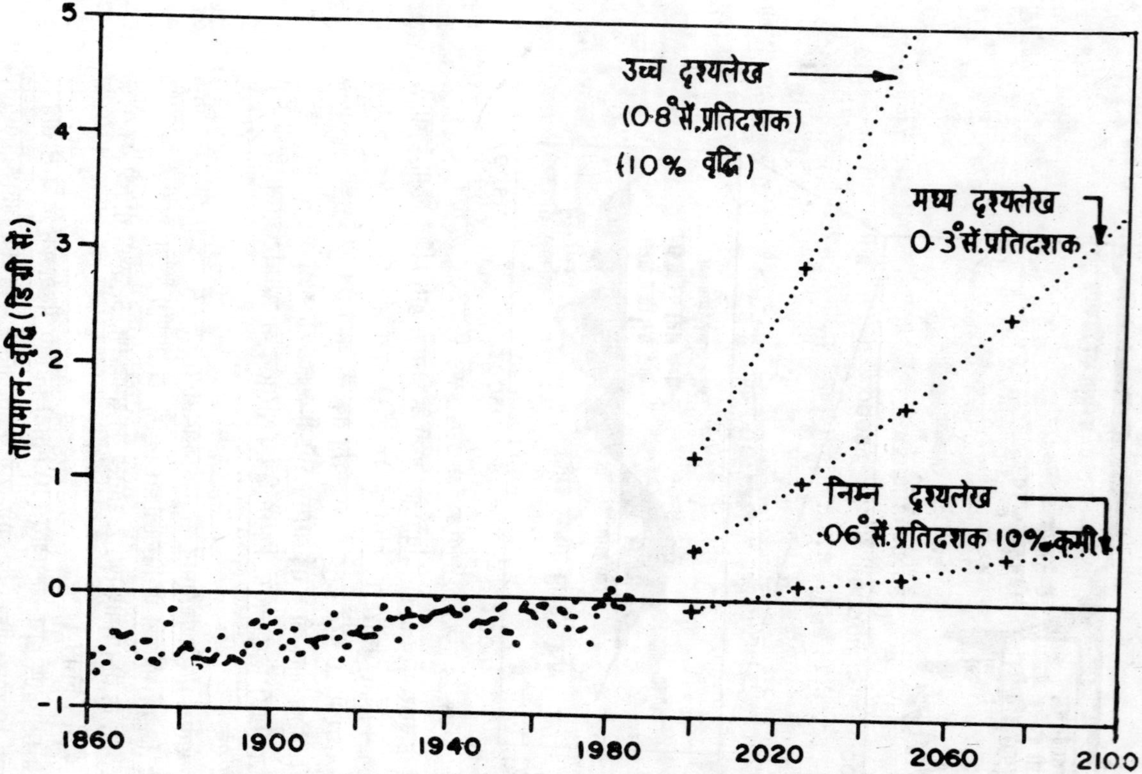

चित्र 29 : पृथ्वी की सतह पर वायु के तापमान में परिवर्तन । माडलों द्वारा अनुमानित तापमान भी दिखाए गए हैं ।

शृंखलाबद्ध रूप से विस्तारित करके निकाला जाता है। जैसे-जैसे काल (समय) बढ़ता है, पूर्वानुमान में त्रुटियाँ बढ़ने लगती हैं। परंतु इनसे कम दाब के क्षेत्र व उच्च दाब प्रति चक्रवात उत्पन्न होते हैं और उनकी गति का भी पता लगता है। समय को कुछ वर्षों तक बढ़ाकर जलवायु का मॉडल बन जाता है। यदि कार्बन डाइऑक्साइड की सांद्रता में परिवर्तन होता है, तो मॉडल द्वारा बढ़ती हुई गैस का जलवायु पर क्या प्रभाव होगा, यह पता लगाया जा सकता है। इन मॉडलों द्वारा ग्रीन हाउस गैसों के वायुमंडलीय तापमान आदि पर जाल की नाप, मेघ और संवाहन के प्राचलीकरण (जिनका प्रभाव कम क्षेत्र पर होता है) का अध्ययन किया जा सकता है।

यहाँ यह स्पष्ट करना आवश्यक है कि पृथ्वी की जलवायु के परिवर्तनवाले मॉडल को सामान्य परिक्रमण मॉडल (जी सी एम) कहते हैं, जिससे ग्रीन हाउस गैसों के बढ़ने के प्रभाव का अध्ययन करते हैं। मौसम पूर्वानुमान के प्रतिदिन प्रयोगवाले मॉडलों से यह इसलिए थोड़ा भिन्न होते हैं, क्योंकि इनमें ग्रीन हाउस गैसों के प्रभाव के अतिरिक्त अनुस्मता (सिमुलेटेड) समुद्र को भी सम्मिलित किया जाता है, जो असली समुद्र के ऊष्मा संचारण (पृथ्वी के चारों ओर) के अनुकूल हो।

संतुलन और क्षणिक प्रयोग

जलवायु मॉडलों द्वारा ग्रीन हाउस गैसों की वृद्धि के प्रभाव का अध्ययन करने के लिए दो प्रकार के प्रयोग किए जाते हैं, जिनको 'संतुलन' और 'क्षणिक' कहते हैं। 'संतुलन' प्रयोग में हम पता लगाते हैं कि कार्बन डाइऑक्साइड को दुगुना करते हुए तापमान कितना बढ़ेगा, जब यह गैस पूरे समुद्र (और वायुमंडल) में नए संतुलन तापमान के अनुसार संतुलित अवस्था में पहुँच चुकी हो। 'क्षणिक' प्रयोगों में प्रश्न उठता है कि जैसे-जैसे कार्बन डाइऑक्साइड धीरे-धीरे बढ़ती है और समुद्र ऊपरी सतह से नीचे की ओर धीरे-धीरे गर्म होता है तो जलवायु में परिवर्तन किस प्रकार होगा ?

इसे समझने के लिए हम पानी गर्म करने की केतली को ठंडक से उठाकर धीमी आग पर इतना गर्म करते हैं कि पानी में उबाल न आ सके। कुछ समय बाद 'साम्य' तापमान पहुँच जाएगा, जो ऊष्मा, विकिरण, तापमान और हवा पर निर्भर करता है। परंतु 'क्षणिक' समस्या में यह महत्वपूर्ण है कि केतली को इस तापमान तक पहुँचने में कितना समय लगता है। यह इस पर निर्भर करेगा कि कितनी जल्दी आग अधिकतम ऊष्मा देती है (जो कार्बन डाइऑक्साइड के बढ़ने से मिलती-जुलती है)। यह केतली के ऊष्मीय अवस्थितत्व पर भी निर्भर करता है, जो पानी की मात्रा पर आधारित होता है। समुद्र के ऊष्मीय अवस्थितत्व को निर्धारित करने के लिए यह आवश्यक है कि किस क्षमता से ऊष्मा समुद्र की सतह से नीचे की ओर मिश्रित होती है। जितनी दक्षता से इसका मिश्रण होता है, उतना ही धीरे समुद्र की सतह और उसके पास वायुमंडल का जल गर्म हो जाता है। परंतु उतनी ही जल्दी संतुलन-अवस्था पहुँच जाएगी।

विरल गैसों का प्रभाव देखने के लिए कई प्रयोग किए गए, जिससे कार्बन डाइऑक्साइड की मात्रा दुगुनी होने से 'संतुलन' अनुक्रिया का पता लग सके। गहरे समुद्र की ऊष्माधारिता अधिक होने तथा युग्म वायुमंडल समुद्र के साम्य अवस्था पर पहुँचने में अधिक समय लगने के कारण मॉडल बहुत ही महँगा होता है। अतः दूसरे मॉडल का प्रयोग किया जाता है, जिसमें वायुमंडल, स्थल और समुद्र की 50 मीटर निष्क्रिय परत ली जाती है।

इस प्रकार के साम्य घटनाक्रम की वास्तविकता से बहुत दूर हैं। गैसों की मात्रा में धीरे-धीरे वृद्धि होती है। समुद्र तुरंत ही अनुक्रिया नहीं करते हैं। यह समयांतर भौगोलिक प्रदेशों पर निर्भर करता है।

तालिका 33 में कार्बन डाइऑक्साइड के दुगुने होने से तापमान पर पड़ने वाला प्रभाव चार मॉडलों द्वारा दिखलाया गया है। स्पष्ट है कि विश्व में तापमान की औसत वृद्धि 3.5 से 5.2° सेंटीग्रेड हो सकती है। अभी हाल में दो और प्रयोग किए गए, जिनमें मेघ की मात्रा का अनुमान करने की युक्ति भिन्न थी। एक मॉडल में बर्फ क्रिस्टल और जल-बूँद के प्रभाव इस प्रकार प्रदर्शित किए गए कि बर्फ क्रिस्टल जल्दी गिर पड़े। दूसरे, मेघ के विकिरण गुणों का प्रभाव अनुमानित जल या बर्फ की मात्रा पर निर्भर करता था। इन मॉडलों से कार्बन डाइऑक्साइड के दुगुने होने पर तापमान में वृद्धि 5.2 डिग्री सेंटीग्रेड से घटकर 2.7 डिग्री सेंटीग्रेड रह गई। यदि मेघ के बदले हुए विकिरण गुणों को सम्मिलित किया गया तो तापमान घटकर 1.9 डिग्री सेंटीग्रेड ही रह गया। इस प्रकार के परिणाम पश्चिमी यूरोप में पाए गए, जहाँ तापमान में वृद्धि 2 डिग्री सेंटीग्रेड से भी कम रह गई। परंतु उष्ण कटिबंधीय प्रदेशों में अपेक्षाकृत कम परिवर्तन होने का अनुमान है।

पृथ्वी के औसत तापमान में वृद्धि

तालिका 34 से स्पष्ट होता है कि 1900 ई. की अपेक्षा तापमान में परिवर्तन प्रेक्षण द्वारा किस प्रकार हुए हैं और मॉडल द्वारा गणना करके कितना अंतर पाया गया। दोनों मॉडलों द्वारा तापमान कार्बन डाइऑक्साइड की मात्रा दुगुनी होने पर बढ़ जाता है। चित्र में 1900 से लगभग 0.5 डिग्री सेंटीग्रेड तापमान में वृद्धि पाई गई। तालिका में तापमान में परिवर्तन ग्रीन हाउस प्रभाव से भिन्न प्रकार के पाए गए। 1940 से पूर्व, जब ग्रीन हाउस गैसों का प्रभाव कम था, तीव्र गर्मी या तापमान में वृद्धि पाई गई। उसके बाद 1970 तक उसमें बहुत ही कम परिवर्तन हुए, परंतु उसके बाद फिर से तापमान बढ़ने लगा। इससे पता लगता है कि जलवायु प्रणाली में एक आंतरिक परिवर्तन होता है, जो तापमान के सही परिवर्तन का प्रभाव बदल देता है या अधिक प्रभाव को छिपा देता है।

मॉडलों द्वारा निम्नलिखित अध्ययन किए गए, जिनका जलवायु-परिवर्तन पर

प्रभाव हो सकता है—1. सौर स्थिरांक परिवर्तन का जलवायु मॉडलों पर प्रभाव (तालिका 35) । 2. वायुविलय परत के कारण क्षोभमंडल व समताप मंडल में तापमान का परिवर्तन (तालिका 36) । (3) ओज़ोन तथा समताप मंडल में तापमान-परिवर्तन (तालिका 37) ।

तालिका 33

कार्बन डाइऑक्साइड के दुगुने होने का तापमान पर प्रभाव

नं.	मॉडल	तापमान- वृद्धि	वर्षा में परिवर्तन (वृद्धि)
1.	जियोफिज़िकल फ्लुइड डायनेमिक्स लेबोरेटरी, प्रिंसटन, अमेरिका	4.0°C	9 प्रतिशत
2.	गोर्डड इंस्टीट्यूट फार स्पेस स्टडीज़, न्यूयार्क, अमेरिका	4.2	11 प्रतिशत
3.	ब्रेकनेल मेटिरियोलोजिकल आफिस, यू. के.	5.2	15 प्रतिशत
4.	नेशनल सेंटर फार एटमास्फेरिक रिसर्च, बोल्डर, अमेरिका	3.5	7 प्रतिशत

तालिका 34

मापे गए और मॉडल द्वारा तापमान (1900 ई. की अपेक्षा)

वर्ष	1750	1800	1850	1900	1950	1960	1970	1980	1987	2000
प्रेक्षित				0.00	0.19	0.25	0.22	0.36	0.52	
मॉडल (2 के)	–0.13	–0.11	–0.06	0.00	0.16	0.21	0.29	0.40	0.50	0. 60
मॉडल (4 के)	–0.20	–0.17	–0.10	0.00	0.23	0.31	0.42	0.57	0.71	0. 99

तालिका 35

सौर स्थिरांक परिवर्तन का जलवायु मॉडलों पर प्रभाव

		सौर स्थिरांक	
1.	कटिबंधीय ऊर्जा संतुलित मॉडल	अल्वेदो प्रतिसंभरण (हिम के बगैर)	हिम अल्वेदो प्रतिसंभरण
	व्युदिको (1969)	155	400
	लियान व सेस (1977)	147	184
	कोकले (1979)	152	207
2.	ऊर्ध्वाधर ऊर्जा संतुलित मॉडल	निश्चित बादल ऊँचाई	निश्चित मेघ तापमान
	सेस (1974)	125	231
	रामनाथन (1976)	121	197
	वाग और स्टोन (1980)	110	135
3.	सामान्य परिक्रमण मॉडल	स्थिर मेघ	परिवर्तनशील मेघ
	वेथेराल्ड और मनाबे (1980)	200	205

ज्वालामुखी और जलवायु

ज्वालामुखी फूटने का वायुमंडल पर निम्नलिखित प्रभाव होता है—

1. मैगमा से उड़ने वाले पदार्थ ।
2. वायुमंडल में रासायनिक क्रियाएँ ।
3. फूटते हुए मैगमा से सल्फ्यूरिक अम्ल ।

तालिका 38 में सेंट हेलेन ज्वालामुखी (1980) द्वारा उत्पन्न घटक दिए गए हैं । अधिकतर विस्फोटकों द्वारा 10^{10} से 10^{14} किलोग्राम सल्फर, क्लोरीन तथा फ्लोरीन यौगिक वायुमंडल में फैल जाते हैं । इनका प्रभाव जलवायु पर निम्नांकित बातों पर निर्भर करता है—

1. ज्वालामुखी किस प्रकार का है, जैसे बैसाल्टिक मैगमा का वायुमंडल पर प्रभाव सिलिका के प्रचंड विस्फोटक ज्वालामुखी की अपेक्षा कहीं अधिक होता है ।
2. विस्फोट का उत्पादन ।

तालिका 32 के अनुसार 2000 ई. तक ज्वालामुखी विस्फोटन द्वारा तापमान 0.1° से लेकर 1° सें. तक कम हो सकता है ।

1982 ई. में मैक्सिको के एल चिकोन नामक ज्वालामुखी द्वारा उत्पन्न धूलि-मेघों

तालिका 36

वायुविलय परत के कारण औसत पृथ्वी की सतह पर और समताप मंडल में तापमान में परिवर्तन

(विश्व मौसम विज्ञान संगठन, 1983)

लेखक	वायुविलय की स्थिति	जलवायु मॉडल	तापमान (क्षोभ परिवर्तन मंडल) K	तापमान परिवर्तन K	(समताप मंडल)
रसूल व श्नाइडर (1971)	समरूप परत	ऊर्जा संतुलन	—2.3		
वांग व दोमोतो (1974)	ऊर्ध्वाधर में (प्रोफाइल)	विकिरण अधोवायु मॉडल		—2.1	
रेक (1976)	निचली परत	विकिरण अधोवायु मॉडल	—1.0		
हर्षवर्धन और सेस (1976)	समताप मंडल	ऊर्जा संतुलन	—1.1		
चारलोक व सेलर	समताप मंडल में (प्रोफाइल)	विकिरण अधोवायु मॉडल		—1.5	+19
लेलोबिल व उनके सहयोगी (1982)	समताप मंडल	ऊर्जा संतुलन	—1.1		
कोकले व उनके सहयोगी (1983)	क्षोभ मंडल	ऊर्जा संतुलन (सौर)	—3.0 (अक्षांश के साथ परिवर्तन)		

तालिका 37

विश्व में ओज़ोन तथा समताप मंडल के तापमान

(1970-1980 में प्रेक्षित व मॉडल से गणना करके समानता)

कुल ओज़ोन	प्रेक्षित	गणना द्वारा
	± 0.49 ± 1.35 प्रतिशत	+ 0.45 प्रतिशत
ओज़ोन वितरण		
2-8 कि.मी.	+ 7 प्रतिशत	+ 6 प्रतिशत
8-16 कि.मी.	कुछ धन	+ 3 प्रतिशत
16-31 कि.मी.	विशेष परिवर्तन नहीं	+ 1 प्रतिशत
38-43 कि.मी.	– 4.6 प्रतिशत	–3 से –4.4 प्रतिशत
समताप मंडल के तापमान		
26-35 कि.मी.	– 1.5 से 3 K	–0.2 से 0.6 K
38-45 कि.मी.	– 2.5 से 3.5 K	–1.2 से 1.7 K
48-55 कि.मी.	– 3.5 से 5 K	–1.4 से 1.5 K

तालिका 38

सेंट हेलेन ज्वालामुखी द्वारा उत्पन्न घटक

घटक	मूल कार्य	आपेक्षिक सांद्रता	
		पर्यावरण वायु	स्थल- मंडलीय तह
H_2O	मेघ बनना, HOx रसायन क्रियाएँ, SO_4, Cl^- NO_3 का घुलना	$(3–5) \times 10^{-6}$	$\sim 10^{-4}$
SO_2	सल्फेट वायुविलयव	$\sim 5 \times 10^{-11}$	$\sim 10^{-7}$
H_2S	के पूर्वसूचक	10^{-9}	$\sim 10^{-7}$
COS	हाइड्राक्सिल की खपत	$(1–5) \times 10^{-10}$	$\sim 10^{-9}$
CS_2		$\leq 10^{-12}$	$\leq 10^{-10}$
HCl	ओज़ोन का	$\sim 10^{-10}$	$\leq 10^{-9}$
CH_3 Cl	अतिप्रेरण	$\sim 10^{-10}$	$\sim 10^{-9}$

CH_3Br		$\sim 10^{-11}$	
S/Cl		$\sim 0.1–1.0$	1.0–100
CO_2	वायुमंडलीय ऊष्मीय उत्सर्जन द्वारा उत्पन्न	3.6×10^{-4}	3.6×10^{-4}
CO	हाइड्रोक्सिल के प्रदर्शक (ट्रेसर)	$\sim 10^{-8}$	$\sim 10^{-7}$
NH_3	वायुविलयव क्रियाएँ	$\leq 10^{-10}$	—
N_2O	नाइट्रोजन ऑक्साइड के पूर्वसूचक	$\sim 10^{-7}$	$\sim 10^{-7}$
NO_x	ओज़ोन चक्र में सक्रिय	10^{-8}	$\sim 10^{-8}$

के कारण सौर-ऊर्जा की क्षति का अनुमान करने के लिए एन. वाई. अय्यर (1986) ने भारत मौसम विज्ञान के प्रत्यक्ष सौर-आँकड़ों की जाँच की । उन्होंने भावनगर तथा पुणे में 20 अप्रैल, 1982 से मानसून के आरंभ होने तक सौर-ऊर्जा में 20 से 25 प्रतिशत की क्षति पाई, परंतु इसका प्रभाव-तापमान पर अध्ययन करना आवश्यक है ।

ज्वालामुखी वायुविलय के प्रभाव का समुद्री सतह के तापमान की असंगता तथा दक्षिणी दोलन इन्डेक्स पर अध्ययन किया गया । इसके अनुसार जब भी निचले अक्षांश पर ज्वालामुखी विलय उत्पन्न होंगे, तो समुद्री सतह के तापमान को सामान्य से अधिक, अर्थात एलनिनो की अवस्था में प्रभावित करेंगे । इनके न होने पर तापमान सामान्य से कम रहेगा । परन्तु इस प्रकार के परिणाम में कुछ वैज्ञानिकों ने शंका प्रकट की है ।

जलवायु-परिवर्तन तथा समुद्री सतह में उत्थान

समुद्री सतह में निम्नलिखित भू-भौतिकी क्रियाओं द्वारा परिवर्तन हो सकते हैं—

1. ग्लेशियर- अस्थिरता ।
2. प्लेट विवर्तन-क्रिया ।
3. समुद्री सतह का फैलना ।
4. ध्रुवीय भ्रमण, जिसके कारण पृथ्वी की घूमनेवाली सार्वभौमिक उष्णता तथा ग्रीन हाउस प्रभाव के दो परिणाम हो सकते हैं । ये इस प्रकार हैं—

(i) ऊँचे अक्षांशों से बर्फ पिघलकर समुद्री आयतन को बढ़ा देगी ।

(ii) ऊष्मीय वृद्धि के कारण समुद्री जल का आयतन बढ़ जाएगा ।

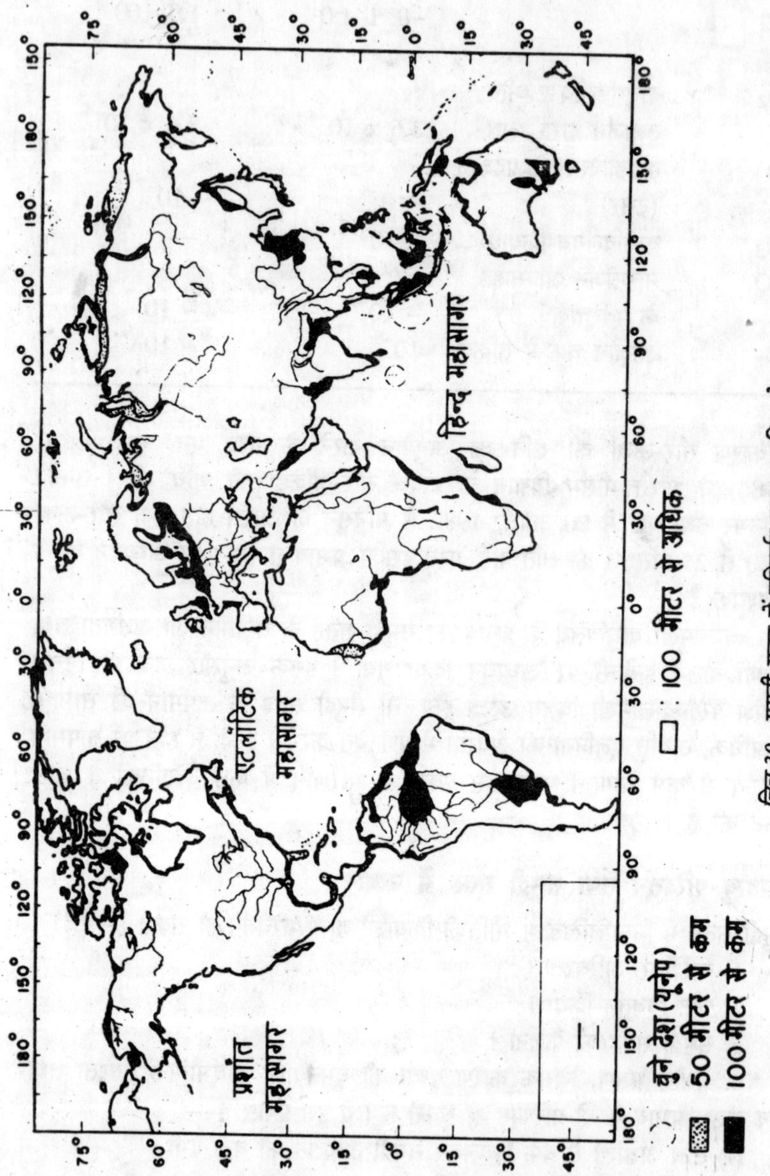

चित्र 30: समुद्री सतह में परिवर्तन द्वारा प्रभावित क्षेत्र

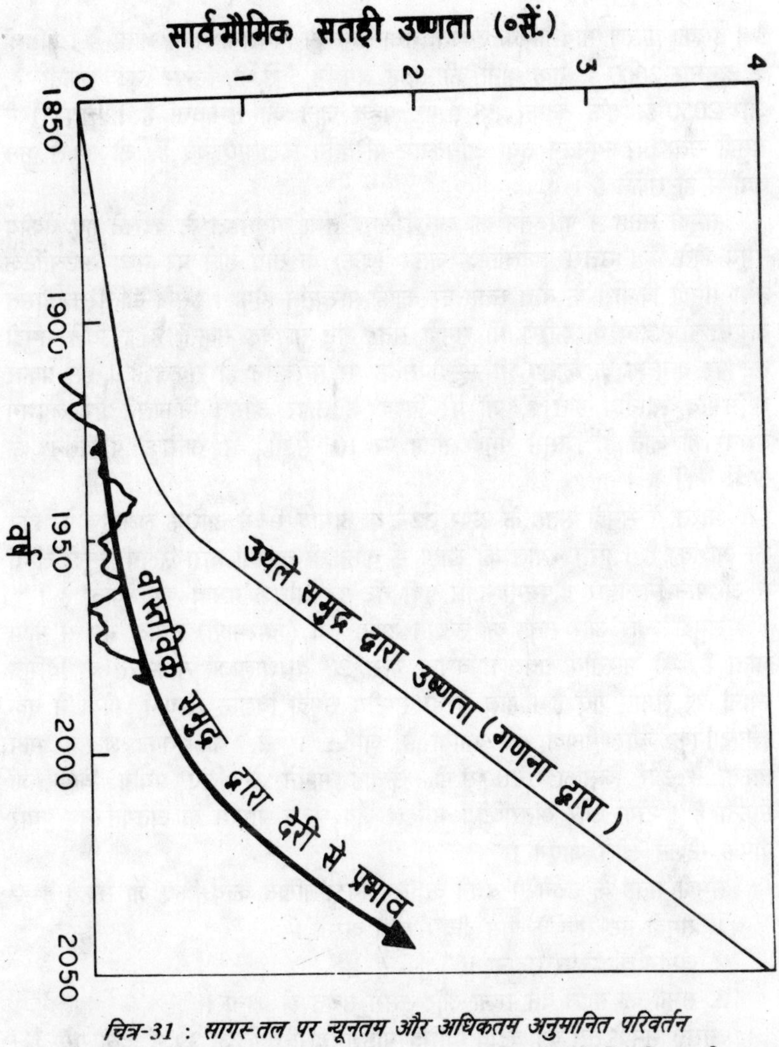

चित्र-31 : सागर-तल पर न्यूनतम और अधिकतम अनुमानित परिवर्तन

इन दोनों प्रभावों से समुद्री सतह ऊपर उठ जाएगी, जिससे निचले तट के भाग पानी में डूब जाएंगे। चित्र 30 में विश्व के जो भाग प्रभावित हो सकते हैं, उन्हें दिखाया गया है। सार्वभौमिक उष्णता के कारण चक्रवाती तूफानों की संख्या बढ़ने का अनुमान है, जिनसे समुद्री तट पर ऊँची-ऊँची लहरों से अधिक नुकसान होने की संभावना है।

अनुमान किया जाता है कि पिछले शतक में समुद्री सतह 10 से 15 सें.मी. बढ़ी

है। इसका कारण सार्वभौमिक उष्णता तथा हिम का पिघलना माना जाता है। मॉडलों के अनुसार 2000 ई. तक पानी की सतह लगभग 5 सें.मी. ऊपर उठ सकती है, और 2050 ई. तक बढ़कर 38 सें.मी. पहुँच जाने की संभावना है। चित्र 31 में समुद्री सतह पर न्यूनतम तथा अधिकतम परिवर्तन दिखलाए गए हैं, जो अगले कुछ वर्षों में हो सकते हैं।

समुद्री सतह में परिवर्तन का कारण समुद्र तथा वायुमंडल के बदलते हुए चक्रीय नमूने होते हैं। उत्तरी अटलांटिक जाइर (चक्र) के तीव्र होने पर मध्य अटलांटिक तथा समुद्री किनारों के बीच सतह पर काफी परिवर्तन होगा। इसके अतिरिक्त औसत वायुमंडलीय दाब के कारण भी समुद्री सतह घट या बढ़ सकती है। उथले समुद्री तट पर वायुवेग के कारण भी समुद्री सतह पर परिवर्तन हो सकते हैं। इस प्रकार के प्रभाव स्थानीय होते हैं, जो पूरे विश्व के ऊपर औसत निकालने पर लगभग बराबर हो जाते हैं, जिससे समुद्री सतह पर 10 सें.मी. से अधिक परिवर्तन की आशा नहीं है।

भारत में समुद्री सतह के ऊपर उठने का प्रभाव सबसे अधिक लक्षद्वीप पर होने की आशंका है। परंतु बंगाल की खाड़ी में चक्रवाती तूफानों द्वारा उत्पन्न समुद्री लहरों से अंडमान-निकोबार द्वीपसमूह और पूर्वी तट पर अधिक प्रभाव पड़ सकता है।

समुद्री ज्वार और सतह का उत्थान टाइड गेज (ज्वारमापी) नामक यंत्र से मापा जाता है, जो भारतीय सर्वेक्षण विभाग द्वारा 20 वेधशालाओं में भारत के विभिन्न स्थानों पर लगाए गए हैं। हाल में ही राष्ट्रीय समुद्री विज्ञान संस्थान, गोवा ने एक इलेक्ट्रानिक ज्वार मापक यंत्र बनाया है, जो ± 1 सें. मी. तक शुद्धता माप सकता है और जिसका 0.20 सें.मी. ऊँचाई मापने के लिए प्रयोग किया जा सकता है। टोगा और अंतर्राष्ट्रीय भूमंडल जैव मंडल प्रोग्राम के अंतर्गत नए ज्वार मापक स्टेशन खोले जाएँगे।

समुद्री सतह के उठने से बचने के लिए निम्नलिखित कार्य किए जा सकते हैं—

1. समुद्री तट-रेखा के पास दीवार खड़ी करना।
2. जमीन को ऊपर उठाना।
3. समुद्र को बढ़ने देते रहना और उससे सचेत हो जाना।

औसत समुद्री तल का चढ़ाव विभिन्न मॉडलों द्वारा तालिका 39 में दिया गया है। चूँकि समुद्री सतह स्थान-स्थान पर विभिन्न होगी, अतः कार्यक्रम को लागत तथा लोगों की आवश्यकता को ध्यान में रखकर चुनना पड़ेगा। छोटे द्वीप, जैसे माल्दीव में लोगों को ऊँचे स्थान पर बसाना अधिक सस्ता पड़ेगा, बजाए इसके कि पूरे द्वीप को ही ऊँचा उठाया जाय। इसी प्रकार कुछ स्थानों पर नए प्रोजेक्ट लेने पड़ेंगे, जिससे समुद्री सतह और अधिक ऊपर न बढ़ सके।

तालिका 39

औसत समुद्री सतह में चढ़ाव की अनुमानित दर

लेखक	दर, सेंमी. प्रति शतक	विधि
गुटेनबर्ग (1941)	11 ± 8	समुद्र-स्तर (कई स्टेशन)
वेक्सलर (1961)	11.8	बर्फीले प्रेक्षण
इमेरी (1980)	30	समुद्र-स्तर (247 स्टेशन)
बार्नेट (1931)	15.1 ± 1.5	समुद्र-स्तर (1903-1969)
	17.9 ± 2.2	समुद्र-स्तर (1930-75)
	14.3 ± 1.4	समुद्र-स्तर (1881-1980)
	22.7 ± 2.3	समुद्र-स्तर (1930-1980)
औब्रे (1985)	3	सांख्यिकी

भारत में जलवायु-परिवर्तन

एच. एन. श्रीवास्तव, बी. एन. दीवान, एस. के. दीक्षित, एस. एस. सिंह, जी. एस. पी. राव तथा के. आर. राव (1991) ने 1901-1987 तापमान (भूपटल से मध्य क्षोभमंडल तक), वर्षा (सभी ऋतुओं तथा मानसून में) और वायुमंडलीय दबाव के दशकीय मान का अध्ययन करके निम्नलिखित परिणाम निकाले (चित्र 32) —

1. वायुमंडलीय दबाव 1915 से 1925 के बीच 2 हेक्टोपेस्कल के लगभग सभी स्टेशनों पर घट गया। उसके बाद उसके मान में विशेष परिवर्तन नहीं पाया गया।
2. वर्षा में परिवर्तन एक मानक विचलन के अंदर ही सीमित है।
3. भूपटल का ताप धीरे-धीरे बढ़ रहा है। पिछले 80 वर्षों में यह लगभग 0.35 डिग्री सें. बढ़ गया है। (तालिका- 40)
4. उच्चतर वायु में 6 कि.मी. की ऊँचाई तक उत्तरी भारत के स्टेशनों पर तापमान घट रहा है, परंतु प्रायद्वीप में तापमान बढ़ रहा है।
5. भारत के कई पहाड़ी स्टेशनों पर वर्षा घट रही है, जिसका कारण वनों का विनाश हो सकता है।

इन परिणामों के साथ विश्व के औसत तापमानों की तुलना से स्पष्ट होता है कि पिछले 30 वर्षों में भारत तथा पूरे विश्व में तापमान बढ़ रहा है। उससे पहले भारत में तापमान बढ़ने के संकेत पाए गए, परंतु विश्व में उतने स्पष्ट परिणाम नहीं निकल पाए। यह एक महत्वपूर्ण बात है कि तापमान में भी परिवर्तन एक मानक विचलन

(एस.डी.) के अंदर ही पाया गया। अतः यह निष्कर्ष निकालना कठिन है कि तापमान निरंतर बढ़ता ही रहेगा। परंतु आजकल मॉडलों द्वारा ग्रीन हाउस गैसों का कितना प्रभाव होगा, उसका अध्ययन किया जा रहा है।

जलवायु विवाद

ग्रीन हाउस के प्रभाव के विषय में वैज्ञानिकों में मतभेद है। नासा के गोडार्ड इंस्टीट्यूट आफ स्पेस स्टडीज़, न्यूयार्क के डायरेक्टर डॉ. हेन्सन के अनुसार उन्नीसवीं सदी से अब तक 280 भाग प्रति दस लाख से बढ़कर कार्बन डाइऑक्साइड अब तक 300 भाग प्रति दस लाख हो गई है, जिससे पिछले 100 वर्षों में विश्व का तापमान 0.5 डिग्री सेंटीग्रेड तक बढ़ा है। मॉडल के अनुसार पिछले 30 वर्षों में बढ़े हुए तापमान की पुष्टि होती है। डॉ. हेन्सन ने निम्नलिखित बातों पर जोर दिया—

1. 99 प्रतिशत विश्वास से पृथ्वी गर्म हो रही है।
2. बढ़ती हुई गर्मी को ग्रीन हाउस प्रभाव से संबंधित किया जा सकता है।
3. मॉडल के अनुसार 1980 से 1990 तक सूखे का दौर बढ़ रहा है।

अन्य वैज्ञानिकों के अनुसार भविष्य में लगातार सार्वभौमिक ऊष्मा का बढ़ना आवश्यक नहीं है। आँकड़ों द्वारा सही स्थिति का पता लगने में 10 से 20 वर्ष लग सकते हैं, क्योंकि ग्रीन हाउस संकेत 80 प्रतिशत ही देखा गया है। इसके अतिरिक्त कुछ और प्रेक्षण भी विश्वास को कम करते हैं। जैसे—

1. समताप मंडल में ज्वालामुखी धूल से पृथ्वी का तापमान घट सकता है।
2. सौर क्रिया में परिवर्तन हो सकता है।
3. जलवायु अक्सर ही एक अवस्था से दूसरी अवस्था में डोलती रहती है।

स्क्रिप्ट के समुद्री विज्ञान संस्थान के अनुसार एक दशक से दूसरे दशक तक जलवायु बदल सकती है, परंतु उसको ग्रीन हाउस प्रभाव से संबंधित करना मूर्खता है। इसके निम्नलिखित कारण हो सकते हैं—

1. सागर में मिश्रण क्रियाएँ, जिसके कारण भूतल का तापमान संतुलित परिवर्तनों से पीछे रह सकता है।

2. समुद्री धाराओं के कारण सागर का सतही तापमान बदल सकता है, जिससे वायुमंडल पर विभिन्न प्रभाव हो सकते हैं।

3. बादलों के प्रभाव को समझना दुष्कर है।

4. हिम का घटना या बढ़ना, जिसका प्रभाव समुद्री सतह पर आवश्यक है।

इसके अतिरिक्त मॉडलों में कमी है, जिससे वास्तविक वायुमंडलीय दशा को नहीं दर्शाया जा सकता। इस प्रकार से पृथ्वी के तापमान की पुष्टि ग्लेशियर आकर्णों द्वारा भी होती है। बीसवीं शताब्दी के करीब पर्याप्त मात्रा में ग्लेशियर पिघले। 1850 के पश्चात ग्लेशियर का आकार घटने लगा, जिससे पिछली शताब्दी के दूसरे भाग में पृथ्वी

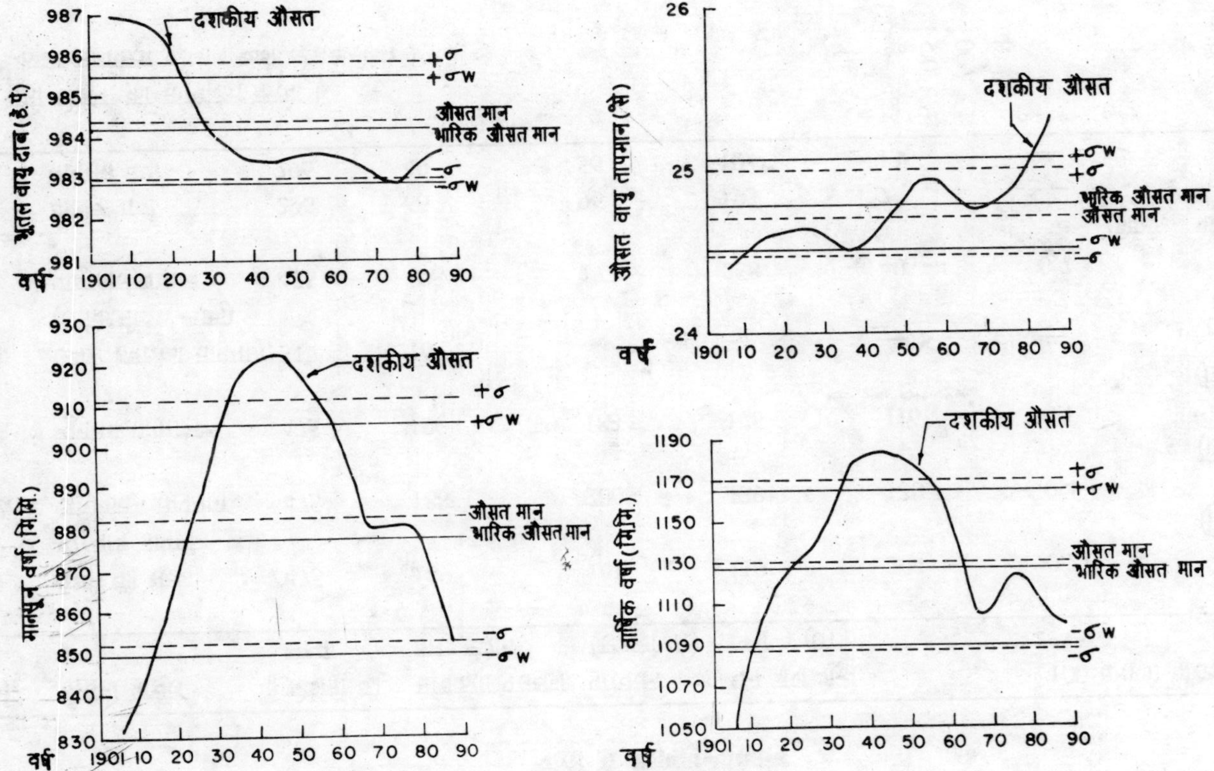

चित्र 32 : भारत में जलवायु-परिवर्तन

तालिका 40

भारत में जलवायु-परिवर्तन

नं.	मौसमी प्राचल	स्टेशनों की संख्या	सार्थकता परीक्षण द्वारा स्टेशन	परिवर्तन (स्टेशनों पर)	धन ऋण शून्य (+)(–) (0)		100 वर्षों में परिवर्तन ***	
1.	पृथ्वी की सतह पर वायु तापमान	475	189	161	110	204	0.21	0.37 (डि.सें.)
2.	अधिकतम तापमान	475	188	206	139	130	0.4	0.5 (डि.सें.)
3.	न्यूनतम तापमान	475	190	183	176	116	0.1	0.2 (डि.सें.)
4.	ऊपरी हवा का तापमान (6 कि.मी. तक)	31	16	—	—	—	—	—
5.	वायुमंडलीय दाब	475	198	177	258	40	0.7	.2 (हेक्टो. पेस्कल)
6.	वार्षिक वर्षा	296	66	96	193	7	—	—
7.	मानसून वर्षा	296	49	56	104	136	—	—

* सभी स्टेशनों को सम्मिलित करके ।

** केवल सार्थकता परीक्षण वाले स्टेशन लेकर ।

के तापमान में वृद्धि की पुष्टि हुई है। 1850 से 1900 के बीच 0.1 डिग्री तापमान में वृद्धि पाई गई। 1990 से 2030 तक 0.7 डिग्री सेंटीग्रेड तापमान-वृद्धि का अनुमान एक मॉडल से किया गया, परंतु हेन्सन व उनके सहयोगियों (1988) द्वारा यह अनुमान बढ़कर 1.6 डिग्री सेंटीग्रेड पहुँच सकता है। 1958 की अपेक्षा तापमान में यह वृद्धि 1.0 से 2.1 डिग्री है। यह मॉडल द्वारा 4 डिग्री सेंटीग्रेड पाई गई, जो मापे हुए तापमान की अपेक्षा दुगुनी है।

विश्व जलवायु अनुसंधान प्रोग्राम

यह प्रोग्राम विश्व मौसम विज्ञान संगठन तथा अंतर्राष्ट्रीय वैज्ञानिक संघ आयोग द्वारा आरंभ किया गया है। इसके निम्नलिखित उद्देश्य हैं—

1. यह पता लगाना कि जलवायु का किस सीमा तक पूर्वानुमान किया जा सकता है।

2. मानव-कार्यों का जलवायु पर प्रभाव।

जलवायु अनुसंधान इस प्रकार किए जाएँ—

1. दीर्घ अवधि मौसम पूर्वानुमान के मॉडलों द्वारा, जिससे मासिक तथा ऋतु जलवायु का पूर्वानुमान किया जा सके।

2. जलवायु में एक वर्ष से दूसरे वर्ष तक परिवर्तन। इस प्रोग्राम में वायुमंडल और समुद्र के पारस्परिक प्रभाव का अध्ययन किया जाएगा (चित्र 33)। अंतर्राष्ट्रीय स्तर पर इसे उष्णकटिबंधीय सागर वायुमंडलीय सार्वभौमिक प्रोग्राम (टोगा) कहते हैं, जिसमें विज्ञान तथा प्रौद्योगिकी विभाग, नई दिल्ली विभिन्न वैज्ञानिक संस्थानों के सहयोग से सक्रिय भाग ले रहा है, जिससे दक्षिणी-पश्चिमी मानसून का पूर्वानुमान हो सके। इसके लिए युग्मित समुद्र वायुमंडल मॉडलों को विकसित किया जा रहा है, जिसमें सुपर कम्प्यूटर का प्रयोग किया जा रहा है। एलनिनो का उद्‌गम भी हम इस प्रकार के मॉडलों से देख सकते हैं। परंतु मौसम तथा समुद्र की क्रियाओं की परस्पर भिन्नता के कारण ऐसे वास्तविक मॉडलों का निर्माण अत्यंत दुष्कर है। इसमें समुद्री सतह के तापमान की असंगता को भी लिया जाता है।

3. जलवायु का पूर्वानुमान दशक वर्षों तक और ग्रीन हाउस गैसों द्वारा जिनका प्रभाव जलवायु पर पड़ता है, उनकी भूमिका का अध्ययन।

इस प्रकार के अध्ययन के लिए सार्वभौमिक जलवायु मॉडलों का प्रयोग किया जा रहा है, जिसमें विकिरण संवहन क्रियाओं का भी अध्ययन किया जाता है।

भारतीय क्षेत्र में सोमाली तट के पास जेट (तेज हवाएँ) तथा उनके द्वारा समुद्री प्रभाव दक्षिणी-पश्चिमी मानसून पर पाए गए हैं। सांख्यिकी युक्तियों के प्रयोग द्वारा एक प्राचालीकरण (पैरामेट्रिक) मॉडल, जो 16 घटकों पर निर्धारित है, का विकास विज्ञान तथा प्रौद्योगिकी विभाग के सचिव डॉ. वसंत गोवारिकर, डॉ. वी. थपलियाल,

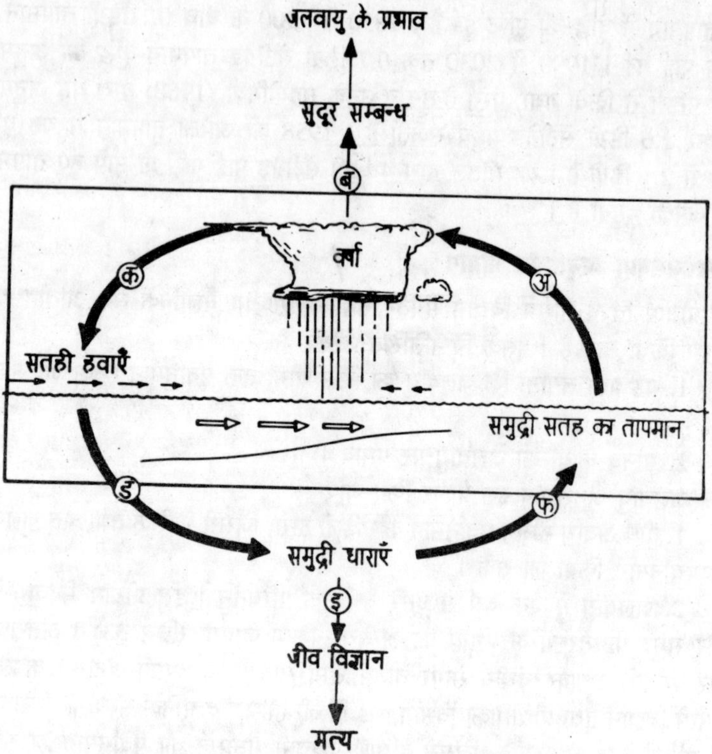

चित्र-33 : वायुमंडल और समुद्र के पारस्परिक प्रभाव

श्री डी. आर. सिक्का, श्री जी. एस. मंडल एवं डॉ. आर. पी. सरकार द्वारा पिछले तीन वर्षों के मानसून के पूर्वानुमान में सहायक सिद्ध हुआ है।

अंतर्राष्ट्रीय भूमंडलीय जैवमंडलीय कार्यक्रम

इस प्रोग्राम का उद्देश्य पृथ्वी पर भौतिक, रासायनिक तथा जीवविज्ञान संबंधी प्रक्रियाओं और एक-दूसरे पर प्रभाव से वातावरण में जो भी परिवर्तन आ रहे हैं और किस तरह वे मानव-क्रियाओं से प्रभावित हैं, इन सभी को समझना है। इसमें सैद्धांतिक एवं प्रायोगिक दोनों प्रकार के अध्ययन समन्वित हैं।

इसमें निम्नलिखित अनुसंधान करने की सिफारिश की गई है —

(1) सार्वभौमिक परिवर्तन और उसके प्रभाव को दिखलानेवाली प्रक्रियाओं के आँकड़ों को विश्लेषित करना और समझना।

(2) भूतकालीन परिवर्तन की प्रकृति और विस्तार।

(3) जीव रासायनिक प्रक्रिया और भौतिक एवं जलवायु पद्धति के बीच संयोजन को समझना।

(4) वर्तमान तथा पूर्वानुमानित सभी प्राप्य जानकारी और मानवीय कार्यों के प्रभाव,।

सार्वभौमिक परिवर्तन में सौर मंडल की गतिविधियों—जैसे कक्षीय परिवर्तन जिसमें 11 और 22 वर्ष या उससे भी लंबे चक्र सम्मिलित हैं—से भूमि पर विकिरण में प्रभाव। इसके अतिरिक्त पृथ्वी के अंदर से भी कुछ प्रेरक बल, जैसे ज्वालामुखी या कटकों द्वारा लावा ऊपर निकलकर प्रभावित करता है। अन्य महत्वपूर्ण प्रेरक बलों में हिमपात में एल्बिडो भी सम्मिलित हैं, जिनसे प्राकृतिक परिवर्तन होते हैं। मानवीय प्रक्रियाओं से संबंधित, जैसे भूमि एवं पानी के उपयोग, वायुमंडलीय रासायनिक परिवर्तन का अध्ययन भी आवश्यक है। अतः उन संवेदनशील क्षेत्रों पर ध्यान देना पड़ेगा जहाँ मानव द्वारा भू-साधनों का शोषण करने के कारण तीव्र परिवर्तन आ रहे हैं।

जैसा हम जानते हैं कि ईधन आदि के जलने से वायुमंडल में कार्बन डाइऑक्साइड में वृद्धि हो रही है (चित्र 34-35)। इसके अतिरिक्त जैव उत्पत्ति और औद्योगिकी द्वारा मीथेन, नाइट्रस ऑक्साइड और क्लोरोफ्लूरोकार्बन ($CFCl_3$, CF_2Cl_2) उत्पन्न होती है। अतः रासायनिक और मौसम वैज्ञानिक प्रक्रिया, जिससे क्षोभमंडल-संयोजन का नियमन होता है, प्रकाश रसायनशास्त्र का और मध्य वायुमंडल की गत्यात्मकता (डाइनेमिक्स) के अंतर्गत क्षोभमंडल की प्रक्रियाओं का सार्वभौमिक अध्ययन आवश्यक है।

समुद्री सतह के ऊपर उठने के संकेत (चित्र 36) को सार्वभौमिक उष्णता द्वारा हिम पिघलने से संबंधित किया जाता है। अतः इस प्रोग्राम के अंतर्गत निम्नलिखित शोध विषयों को प्राथमिकता दी जाएगी—

1. समुद्री कार्बन चक्र।
2. समुद्रतटीय जल में उतार या चढ़ाव।
3. जीव भू-रासायनिक चक्र और भौतिक जलवायु से संबंध।

पुराजलवायु के अध्ययन के लिए निम्नलिखित युक्तियों का प्रयोग किया जाएगा—

(1) वृक्ष चक्र, (2) झील तलछट, (3) ध्रुवीय हिम क्रोड़, (4) मध्य आतांश बर्फ क्रोड़, (5) सार भागीय संग्रहण, (6) पवनोढ़ मिट्टी, (7) सागर क्रोड़, (8) पराग, (9) विवर्ण मिट्टी, (10) तलछटीय चट्टानें, और (11) ऐतिहासिक अभिलेख।

वायुमंडलीय जलवायु परिवर्तन के प्रभाव का पूर्वानुमान तथा वनस्पति एवं पशुओं पर प्रक्रिया का अध्ययन करने के लिए अनुसंधान किए जाएँगे। इसके लिए मॉडल, जैसे जी. सी. एम. जिनसे जलवायु का पूर्वानुमान कुछ महीनों से वर्षों तक हो सकता है, में सुधार करके प्रयोग किया जाएगा।

भारत में यह प्रोग्राम प्रोफेसर एम. जी. के. मेनन, भूतपूर्व राज्यमंत्री, विज्ञान तथा प्रौद्योगिकी विभाग की अध्यक्षता में प्रारंभ किया गया था, जिसमें भारत सरकार के कई विभाग सहयोग दे रहे हैं।

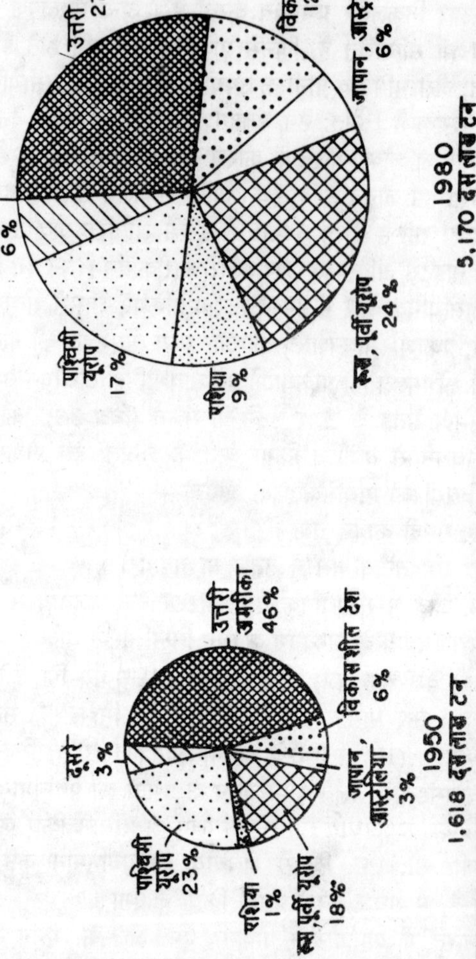

चित्र 34 : ईंधन आदि के जलने से कार्बन डाईऑक्साइड में वृद्धि

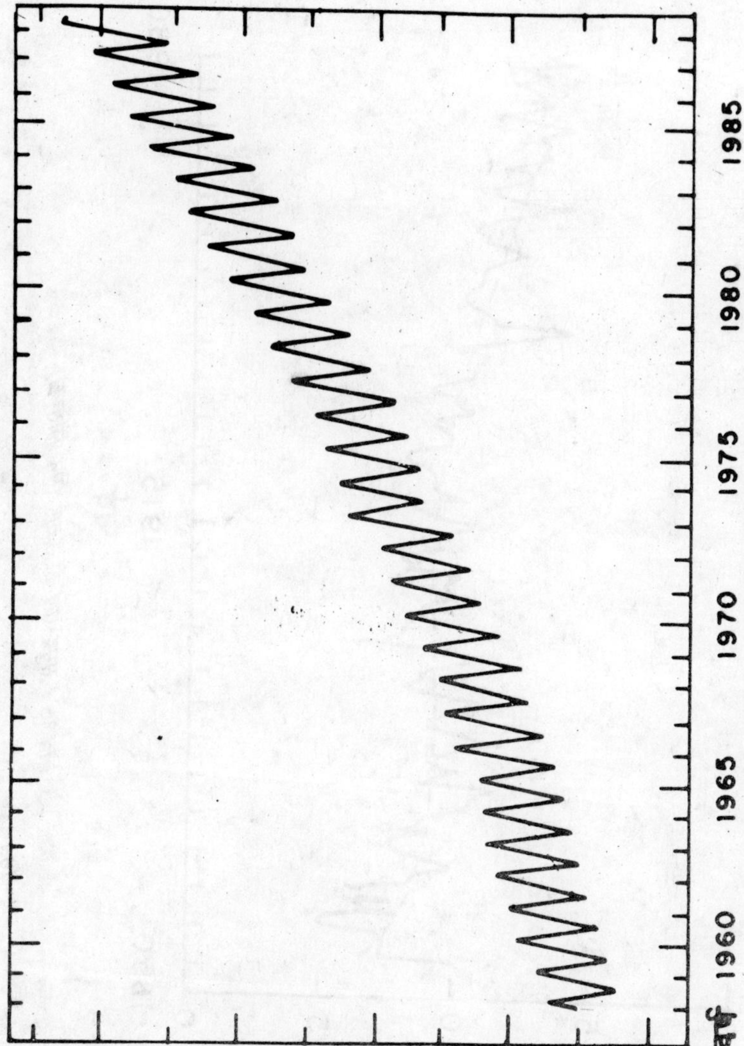

चित्र 35 : कार्बन डाइऑक्साइड सांद्रता (मौनालोआ वेधशाला द्वारा मापित)

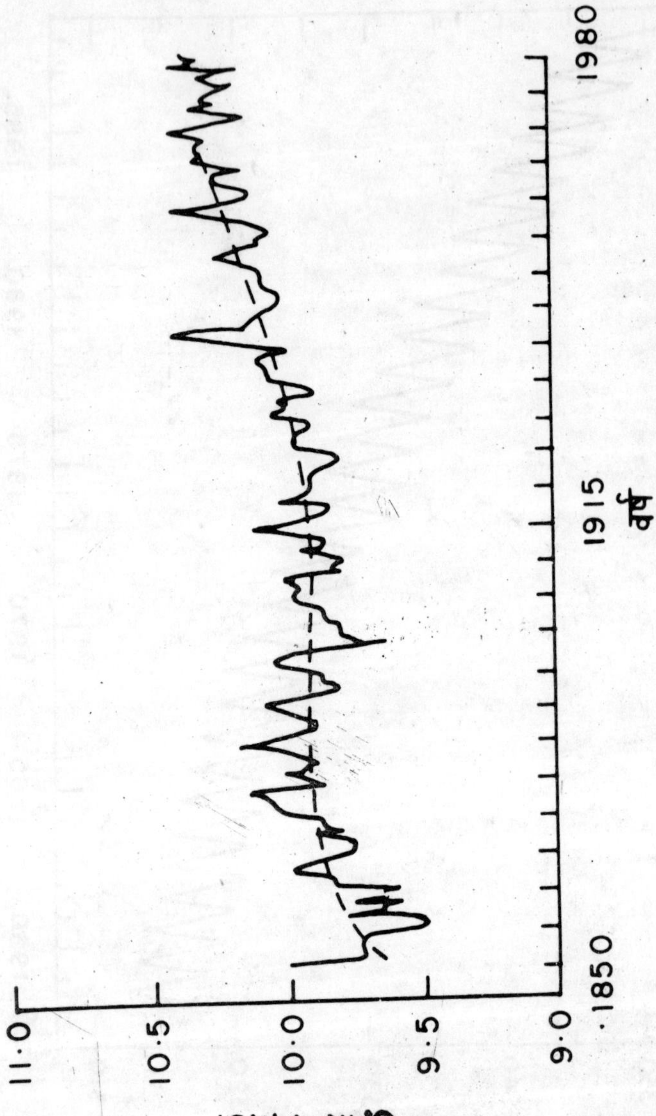

चित्र 36 : समुद्र-तल की ऊँचाई (सैन फ्रांसिस्को)

परिशिष्ट I

मोनिन ओबुखाव लंबाई (L) की गणना

मोनिन ओबुखाव लंबाई की गणना पवन-गति तथा तापमान में ऊर्ध्वाधर में परिवर्तन द्वारा की जा सकती है।

RL(f) अनुप्रवण (ग्रेडिएंट) रिचार्डसन नंबर $= \frac{g}{T} \frac{\partial\theta/\partial t}{(\frac{\partial u}{\partial t})^2}$ B (ऱे)

स्थूल (बल्क) रिचार्डसन नंबर $= \frac{g}{T} \frac{\partial\theta/\partial t}{(\frac{u}{ऱे})^2}$

ऱे = ऊंचाई

जहाँ u = पवन गति (1)

θ विभव तापमान (जो वायु के पार्सल को रुद्धोष्म (एडियाबेटिक) प्रक्रिया द्वारा 1000 हेक्टोपास्कल सतह पर लाने में निकलता है)

T= तापमान

यदि Ri≤ 0.1, मोनिन आबुखोव लंबाई

$\frac{t}{L} = Ri$ यदि $Ri \leq 0$

$\frac{Ri}{1 - \beta\ Ri}$ यदि $Ri > 0$

β का मान 4.7 से 7 लिया जा सकता है।

वायुमंडलीय स्थिर अवस्था में—

$Ri = 1/\beta$

परंतु Ri व ऱे/L का संबंध यदि Ri के मान 1/β के आसपास हो तो ठीक नहीं निकलता है।

स्थिर वेग परिवर्तन (ऊँचाई के साथ) की दशा में—

$$Ri = \beta \frac{(\text{लघु}\,(ऱे/Zo) + \beta\, ऱे/L)^2}{(1 + \beta\, ऱे/L)^2}$$

उपर्युक्त समीकरण में (2) से Ri (ζ/L) का मान लगाकर

$$(\zeta/L)\,(1+\beta\zeta/L) = B\,(\text{लघु}\,\zeta/Z_o) + \beta\,\zeta/L)^2$$

जिससे ζ/L का मान निकल आता है।

$$\zeta/L = \frac{-1 + 2\beta B\ \text{लघु}\,(\zeta/Z_o) + \sqrt{1 + \beta B\ \text{लघु}(\zeta/Z_o)\ \text{लघु}(\zeta/Z_o)}}{2\zeta(1\ \beta{-}B)}$$

B का प्रयोग L निकालने में इसलिए लाभदायक है कि इसका मान निकालने में कम त्रुटियाँ होने की संभावना रहती है।

मोनिन ओबुखाव समरूपता सिद्धांत के अनुसार—

$$L = \frac{\text{क्षुब्धता गति मात्रा का ऊर्ध्वाधर में प्रवाह}}{\text{क्षुब्धता ऊष्मा का ऊर्ध्वाधर में प्रवाह}}$$

$$= \left(\frac{1}{K}\right)\ \frac{\theta}{g}\left(\frac{u_x 3}{w^1\theta^1}\right)$$

यहाँ K = वान कार्मन स्थिरांक = 0.4

u_x = घर्षण गति

$\frac{g}{\theta}$ = प्लवनशीलता प्राचल

$W^1\theta^1$ = क्षुब्धता ऊष्मा प्रवाह

परिशिष्ट-II

सल्फर डाइऑक्साइड की सांद्रता-गणना (उत्तर-पश्चिमी पवन द्वारा)

गाउसियन मॉडल के अनुसार, पृथ्वी की सतह पर दीर्घकालीन सांद्रता (एक माह या अधिक), सल्फर डाइऑक्साइड की सांद्रता की निम्नांकित समीकरण द्वारा गणना की जा सकती है—

$$X\,(x, o, f) = \frac{360\,f\,Q}{\phi\,\pi^{3/2}\sqrt{2}\ 6_z\,\bar{u}\,x}\exp\left\{1 - \frac{1}{2}\,\frac{h^2}{6_z^2}\right.$$

यहाँ X(x, o, f) = दीर्घकालीन सांद्रता (माइक्रोग्राम प्रति घन मी.)

f = प्रतिशत बारम्बारता, जिससे मौसमी अवस्था और पवन उस सेक्टर में एक साथ लिए गए हों।

ϕ = कोणीय चौड़ाई (दिशा सेक्टर में डिग्री)।

Q = चिमनी की चोटी से सल्फर डाइऑक्साइड की उत्सर्जन-दर (माइक्रोग्राम

प्रति सैकेंड) ।

$\bar{u}$ = औसत पवन गति ।

x = चिमनी से दूरी (मीटर) ।

H = चिमनी की ऊँचाई (मीटर) ।

Δ h = पिच्छ का फैलाव (उठना) मीटर ।

h = कारगर चिमनी की ऊँचाई (मीटर) ।

= H + Δh

6_θ का औसत मान 2 जनवरी में पाँच से छः बजे के बीच 2.0 पाया गया, जिससे वायुमंडल की अवस्था बहुत ही स्थिर थी । उत्तर-पश्चिम दिशा में, ⁊ 4 से 6 नाट पवनगति और स्थिर वायुमंडल में ⁊ = $\frac{8}{100}$

$\phi = 22.5^0$

सल्फर डाइऑक्साईड की उत्सर्जन दर, $Q = \frac{100 \times 10^{-9}}{3.6 \times 10^3}$

$= 2.78 \times 10^7$ माइक्रोग्राम प्रति सैकेंड

पवन दिशा में दूरी, $x = 30 \times 10^3$

= 30,000 मीटर

चिमनी ऊँचाई H = 80 मीटर

Q_H = 20.5 मेगावाट

औसत पवन गति (10 मीटर पर) $= \frac{4+6}{2} = 5$ नाट

80 मीटर पर पवन गति $= \frac{5}{1.94}\left(\frac{80}{10}\right)^{1/3}$

$= \frac{10}{1.94}$ मीटर प्रति सैकेंड

पिच्छ की ऊँचाई (Δh) $= \frac{116 \times (20.5)^{0.25} \times 1.94}{10}$ मीटर

= 48 मीटर

कारगर चिमनी की ऊँचाई (h) = 80 + 48 = 128 मीटर

6_z , 30 किलोमीटर पर = 0.016 x 30,000 (1+0.0003 x 30,000) [1]

= 48 मीटर

$$x(30{,}000,0,f) = \frac{360 \times 8\ 2.78 \times 10^7 \times 1.94\ e^{\frac{-128 \times 128}{2 \times 48 \times 48}}}{100 \times 22.5 \times (3.1416)^{1/2} \times 2^{1/2} \times 48 \times 10 \times 30{,}000}$$

= 0.018 माइक्रोग्राम प्रति घन मीटर

इसी प्रकार दीर्घकालीन सांद्रता दूसरी पवन गति की गणना करके 5 से 6 घंटे के लिए जोड़ दी जाती है। इससे फिर 24 घंटे की सांद्रता निकल आती है। भारत मौसम विज्ञान से पवन-दिशा व गति की बारंबारता के आँकड़े प्राप्त किए जा सकते हैं।

परिशिष्ट III

प्रदूषक संबंधी कुछ एकक

(1) माइक्रोग्राम प्रति घन मीटर को भाग प्रति दस लाख (पी पी एम) बदलने के लिए—

मा. ग्रा. प्रति घन मी. $= \text{पी पी एम} \times \frac{\text{परमाणु भार}}{24450} \times 10^{-6}$

(2) पी पी एम को माइक्रोग्राम प्रति घन मीटर में बदलने के लिए—

पी पी एम $= \frac{24450}{\text{परमाणु भार}} \times 10^{-6}$

पी पी बी $= 10^6 \times \text{पी पी एम}$

घटक	परमाणु भार	पी पी एम	माइक्रोग्राम (प्रति घन मी.)
SO_2	64	1	=2620
NO_2	46	1	=1881
NO	30	1	=1227
NH_3	17	1	=695
O_3	48	1	=1963

संदर्भिका

1. क्लाईमेट शाक्स
   के वाई केंद्राव्यूव
   जॉन वाइले एंड संस, न्यूयार्क

2. क्लाईमेटिक चेंज
   क्लूवेर एकेडेमिक पब्लिशर
   लंदन

3. दि ग्रीन हाउस एफेक्ट, क्लाईमेट चेंज
   और ईको सिस्टेम,
   जॉन वाईले एंड संस, न्यूयार्क

4. मौसम
   भारत मौसम विज्ञान विभाग,
   नई दिल्ली-110 003

5. डब्ल्यू. एम. ओ., जेनेवा
   के प्रकाशन

6. एटमास्फेरिक एनवायरनमेंट
   परगामान प्रेस
   ऑक्सफोर्ड, यू. के.

7. जर्नल ऑफ एनवायरनमेंट हेल्थ
   नीरी, नागपुर

□ □ □